Android

性能优化

入门与实战

张世欣（拭心）◎著

人民邮电出版社

北京

图书在版编目（ＣＩＰ）数据

Android性能优化入门与实战 / 张世欣著. -- 北京 ：
人民邮电出版社，2024.4（2024.4重印）
ISBN 978-7-115-63042-1

Ⅰ．①A… Ⅱ．①张… Ⅲ．①移动终端－应用程序－
程序设计 Ⅳ．①TN929.53

中国国家版本馆CIP数据核字(2023)第203350号

内 容 提 要

随着互联网用户渗透率的提升，中国移动互联网进入了平稳发展阶段。在存量市场下，企业能否提供更优质的用户体验，成为影响其用户规模的重要因素，因此，"丰富的性能优化经验"等描述在高级职位的要求中频繁出现。很多人对性能优化感兴趣，因其不仅有技术挑战，在面试中也经常被提及。然而，对于没有经验的人来说，这个概念比较空泛，既不清楚其具体涵盖内容，也担心自己是否能掌握到足够的深度。如果你有同样的困惑，那么这本书能给你答案。读完本书之后，你会豁然开朗，对性能优化胸有成竹。

这是一本针对 Android App 性能优化的书，首先描述从事性能优化测试相关工作需要具备的能力，然后介绍性能优化和性能测试的组成环节，最后深入地讲解内存、流畅度和启动优化的具体方案。

本书适合想要或正在从事 Android 开发工作的读者，特别是从事 Android 性能测试和优化相关工作的读者阅读。

◆ 著　　　　张世欣
责任编辑　张天怡
责任印制　陈　犇

◆ 人民邮电出版社出版发行　　北京市丰台区成寿寺路 11 号
邮编　100164　电子邮件　315@ptpress.com.cn
网址　https://www.ptpress.com.cn
固安县铭成印刷有限公司印刷

◆ 开本：787×1092　1/16
印张：13.75　　　　　　　2024 年 4 月第 1 版
字数：338 千字　　　　　 2024 年 4 月河北第 2 次印刷

定价：59.90 元

读者服务热线：(010)81055410　印装质量热线：(010)81055316
反盗版热线：(010)81055315
广告经营许可证：京东市监广登字 20170147 号

我的 Android 开发之路

我从事 Android 开发工作已经 7 年有余，这些年我不断地思考，写了数十篇文章和近百篇日记，在这个过程中我对 Android 开发的认识逐渐深入。我想是时候做一个总结了。

入行至今的一些关键节点

2014—2015 年：踏上 Android 开发之旅

我与 Android 的邂逅，源自一场意外。大学期间，我加入了西安电子科技大学金山俱乐部，当时俱乐部里有很多技术小组：后端、前端、Android 开发、Windows Phone 开发等。由于我当时使用的手机搭载了 Windows Phone 系统，所以我就选了 Windows Phone 开发小组。

2014 年，iOS、Android、Windows Phone、塞班四强并立，Windows Phone 的磁贴式设计我非常喜欢，加上使用该系统的设备操作流畅、分辨率高，一度让我觉得它可能会"统治"手机操作系统市场。

没想到的是，不到 2 个月，我的手机因为意外进水，无法使用了！当时我非常难过，一方面因为手机坏了需要重买；另一方面因为无法继续做 Windows Phone 开发让我感到遗憾。对当时的我来说，再换一台 Windows Phone 手机过于昂贵，我只好换了一台便宜的 Android 手机，也因此转向学习 Android 开发。

几年后，手机操作系统市场的发展超出了我的预料。Windows Phone 由于缺乏良好的开发生态，支持的 App 很少，因此用户也少。用户少导致开发者更少，形成恶性循环。如今 Windows Phone 的全球市场份额已经低于 10%。

当时我还做了一个目前看来非常重要的决定：我开始写博客，记录自己的所学所得。

在开发项目时，我经常去网上搜索解决方案，后来搜索次数多了，觉得不能一直都是索取，我也要尝试去分享。于是我在 CSDN 注册了账号，并于 2014 年 10 月发布了我的第一篇原创文章。

后来在工作、学习中学到新知识时，我都会尽可能地把它转换成别人看得懂的内容，写到博客里。这个不起眼的开始，让我逐渐有了解决问题后及时沉淀、分享的习惯，令我受益匪浅。

2015—2017 年：明白项目迭代的全流程

在学习 Android 开发时，我先看了明日科技编写的《Android 从入门到精通》，然后看了校内网的一些视频，逐渐可以开发一些简单的 App。Android 开发"所见即所得"的特点，让我很快就可以得到反馈。后来我又去参加了一些地方性的 Android 开发比赛，获得了名次，让我逐渐增强了从事 Android 开发工作的信心。

2015 年，我偶然参加了一家公司的招聘会，在面试时，面试官问了我一些简单的与 Java、Android 和算法有关的问题。其中令我印象最深的就是问我会不会使用四大组件和 ListView。

到公司实习后，我感触很多：之前我都是自己拍脑袋写一些简单的功能代码，没有参照开发规范，也没有进行工程结构设计、系统设计，更没有考虑性能是否有问题。真正参与商业项目开发后，我发现了自己的不足。

因此在完成工作的同时，我观察并记录了项目迭代的各个流程，对自己的知识结构查漏补缺，创作了有关 Java 源代码分析、Android 开发进阶、设计模式的文章。我逐渐养成了定期复盘的习惯，每当回顾过去时，我都会想想自己的成长历程。

2017—2020 年：提升复杂项目的架构能力和做事意识

在开发第一个项目时，我基本掌握了从 0 到 1 开发一个 Android App 的流程，但对 Android 项目架构的认识还只停留在表面，没有足够多的实践。

2017 年，我开始接触喜马拉雅直播项目，喜马拉雅在当时已经有多年的技术积累，加上直播业务比较复杂，开发团队在架构设计、编译加速、快速迭代等方面都做了比较多的工作，让我大开眼界。

为了能够提升自己的技术，在这期间我学习了很多框架的源代码，通过分析这些框架的优缺点、核心机制、架构层级、设计模式，我对如何开发一个框架有了基本的认识，也创作了一些文章，比如"Android 进阶之路：深入理解常用框架实现原理"。

有了这些积累，再去实现复杂业务需求、基础框架抽取、内部 SDK（Software Development Kit，软件开发工具包）和性能优化，就容易多了。

在实现一些需求或者遇到复杂的问题时，我会先想想之前看的第三方框架或者系统源代码里有没有类似的情况，它们是怎么处理的。

除了技术上的提升，在这几年里，我的项目全局思考能力也提升很多。

由于我的沟通能力较强，领导让我担任一个 10 人小组的组长，负责跟进项目的需求提出、开发、测试、上线、运营等各个环节，保证项目及时交付并快速迭代。

一开始我有一些不习惯，因为写代码时总是被打断，比如被产品需求评审、测试 bug 反馈、运营反馈线上数据有问题等事情打断，也经常刚想清楚代码怎么写，正准备动手，就被叫去开会，回来后只能重新寻找思路。

后来在和领导沟通、看一些书和文章后，我逐渐对写代码和做事情有了不同的认识。代码只是中间产物，最终我们还是要设计出对用户有价值的产品，要做到这个，除了关注代码，还需要关注其他很多方面。

2020 年至今：深入理解底层技术

在进入字节跳动做基础技术开发后，我的技术视野再一次得以拓宽。

字节跳动有多款亿级用户的产品，其中复杂的业务常常会产生各种令人意想不到的问题，这些问题需要技术人员深入理解底层技术，对 Android 系统的整个架构都比较熟悉，才能够解决。

问题驱动是非常好的学习方式。每次帮助业务方解决一个新问题，我的知识库都会丰富一些，这让我非常兴奋。之前我不知道学来干什么的 Linux 编程、Android 虚拟机，后来终于在实际问题中弄清楚了它们的使用场景，继续深入学习的效率也高了很多。

对软件开发的认识

前面讲了个人的一些经历，接下来讲我从这些经历中沉淀出的有价值的结论，主要包括对下面两点的认识。

- 职业发展的不同阶段。
- 技术的价值。

职业发展的不同阶段

我们在工作时，要对自己做的事有清晰的认识，包括它大概属于哪一个阶段，怎样可以做得更好。结合我这些年的工作内容和业内"大佬"所做的事情，我把软件开发者的职业发展分为以下几个阶段。

第一个阶段就是使用某个技术方向的一个点完成业务需求。比如 Android 开发者可以使用 Android SDK 自定义布局，完成产品要求的界面功能。这个阶段的工作内容比较简单，开发者只要能仔细学习官方文档或者看一些书就可胜任。

第二个阶段开发者做的项目更加复杂，会涉及某个技术方向的多个点，这时开发者需要把这些点连起来，提供一个更加体系化的解决方案。

比如 Android 开发者在自定义布局时，发现页面卡顿，要解决这个问题，开发者就要去了解这个自定义 View 的哪些代码影响了这个页面的刷新速度。这时开发者需要去研究渲染的基本原理，开发分析卡顿的工具，找到卡顿的原因，进行优化。在这个过程中，开发者会对流畅性有整体的认识，能够对相关问题有比较全面的分析思路、解决手段，从而可以开发相关的分析工具或优化库。如果能做到这一点，开发者基本上就是一名高级工程师了，不仅能做一个模块，还能够负责一个具体细分方向的工作。

第三个阶段是掌握某个技术方向的通用知识，有多个线的实践，能够连线为面，同时给工作做中长期的技术规划。

拿 Android 开发者来说，刚才提到通过解决卡顿问题，在流畅性方面开发者会有比较多的实践；如果又发现内存有问题，开发者会去了解内存分配、回收原理，开发出内存分析优化工具，这样就有了内存的体系化的实践；再积累一些针对启动速度、包大小等的优化经验。把这些线连起来，就得到了一个性能监控平台，这就是把多条线连成一个面。

再往前发展就不是只做技术，而是要更多地思考业务。技术最终都是为业务服务的。职业发展的第四个阶段，就是不局限于某个技术方向，能够从产品的业务规划、业务指标出发，为产品提供技术支持。

你首先要明白公司业务的核心指标是什么，比如一个短视频 App，它的核心指标除了常规的日活跃用户数（以下简称日活）、用户量，还包括视频的播放率、用户的停留时长、页面渗透率等。了解这些指标以后，你要思考做什么可以有助于公司提升这些指标，结合业务的核心指标反思当前的项目中哪里存在优化空间。

总结我对职业发展的不同阶段的认识：第一个阶段只做一些具体的点；第二个阶段做多个点，需要能够连点成线；第三个阶段需要围绕这些线提炼出通用的知识，再做到对业务 / 技术项目有整体的认识；第四个阶段能够从业务规划、业务指标出发，为产品提供技术支持。

技术的价值

说完职业发展的不同阶段，接下来聊技术的价值。技术是为业务服务的。业务处于不同阶段时，技术的价值也有所不同。

◆业务从 0 到 1 时

我刚毕业时所在的公司业务处于确定模式阶段，业务上反复试错，项目常常推倒重来，在这个阶段我们做什么能让公司业务变得更好呢？

第一，尽可能地抽取出相似点，减少重复成本。

如果产品经理每次都对你提出相似的需求，你可以考虑如何把这些相似的需求抽象成一些可以复用的逻辑，做一个基本的框架，然后在下次开发的时候能够直接复用框架，而不是每次都从头开始开发。我平时工作中也常常问自己："我现在做的事哪些是重复的，哪些是可以下沉的？"

第二，提供便捷的数据反馈机制。

在产品经理提需求时，我们可以问问他这个需求出于什么考虑，有没有数据支撑。比如说产品需求是将某个按钮换一个位置，那我们要清楚原因，在换完之后会使页面打开率提升吗？这种数据驱动的理念对个人和公司业务都大有裨益。

在业务从 0 到 1 这个阶段，技术对业务的价值是帮助业务快速确定模式。那在业务从 1 到 100 这个阶段技术的价值是什么呢？

◆业务从 1 到 100 时

业务正在快速扩大规模时，需要把当前跑通的业务模式复制到更多的地方，同时能够服务更多的用户。在这个阶段中，技术能够提供的价值主要有以下两点。

第一，快速迭代。

虽然快速迭代是在业务的各个阶段都需要做到的，但和业务从 0 到 1 相比，业务从 1 到 100 的阶段会有更多的挑战，除了个人速度要快，更要关注团队的速度。具体到 Android 项目，几十甚至上百人共同开发的项目和三两个人开发的项目相比，其复杂度可能会高几百倍。

团队人数增多后可能会出现以下几个问题。

• 多人协作编写的代码有冲突。

• 发布速度慢。

• 问题的影响大，不好定位。

针对这些问题，这个阶段我们可以做如下操作。

• 下沉基础组件，定义组件规范，收敛核心流程。

- 拆分业务模块，设计业务模板，单独维护迭代。

- 探索适合业务的新方式。

第二，提升质量。

和日活为几万的产品相比，日活上千万甚至上亿的产品，质量问题更加显著。在开发时，我们不仅要实现功能，还要能够写好功能，更要能够了解底层原理，才能应对这样大的业务量。为了避免经常在重复的问题上浪费时间，我们需要学会从问题中找到共通点，提炼出可以用于多处的解决思路，输出工具、解决方案甚至平台。

这就需要我们有意识地在问题中磨炼本领，主动站在更高的层面思考自己应该具备的能力。在解决问题的时候，除了解决当下的这个问题，更需要做的是把这个问题解构、归类，抽象出不同问题的相似点和差异，得出问题分析流程图。

结束语

有人总结了人生的多重境界：看山是山，看水是水；看山不是山，看水不是水；看山还是山，看水还是水。

我想，我对软件开发的认识还没有达到第三层，但，怕什么真理无穷，进一寸有一寸的欢喜！

目录

第 3 篇 专项优化

第1篇 市场需要什么样的 Android 开发者

一个人想改变自己的命运，既要靠自我奋斗，也要考虑历史的进程。

在移动互联网增长逐步趋缓、"明星"产品掌握头部流量的今天，市场对移动端开发者的需求，从初期的旺盛、狂热，逐步"降温"至理性，对开发者的要求也在不断地变化着。

Android 开发者早期在面试中经常被问到的是 API（Application Program Interface，应用程序接口）和框架的使用问题；如今被考察得更为深入和全面，比如框架原理、性能优化、虚拟机、内核、前端和跨平台等。这些知识和相关技能一般需要开发者在项目实践中反复试错，才能熟练掌握。

如今市场对 Android 开发者的要求与大多数从业者的认知不一致。一方面是公司招人难，花重金也迟迟招不到核心岗位的合适人选；另一方面是开发者找工作难，技术能力达不到要求，面试很久却收不到令自己满意的录用通知。

本书的主要目的之一就是打破信息屏障，让更多人知道成为高级技术人才需要具备的能力，在学习过程中能够有的放矢，精准学习有长期收益的技术点，成为市场中的稀缺者。

在第 1 篇中，我们将从市场需求出发，探讨 Android 开发者需要具备的能力和能够走得更高、更远的优秀素质。

第1章 Android 开发者需要具备的能力

刚毕业时，我们的自我价值认同感不强，不清楚自己究竟属于什么水平，总是希望通过外界的认可来确认自己的价值，常常会格外看重职级和头衔。

殊不知，不同规模的公司，其职级体系、职级评判标准并不相同。同样工作一两年，在创业公司可能是"高级工程师"，在大公司可能就是"普通工程师"。两家公司考察的能力不同，所以没办法相提并论。

关于技能的掌握程度，有一个相对通用的评测模型，即德雷福斯（Dreyfus，又译为德赖弗斯）模型，如图1-1所示。

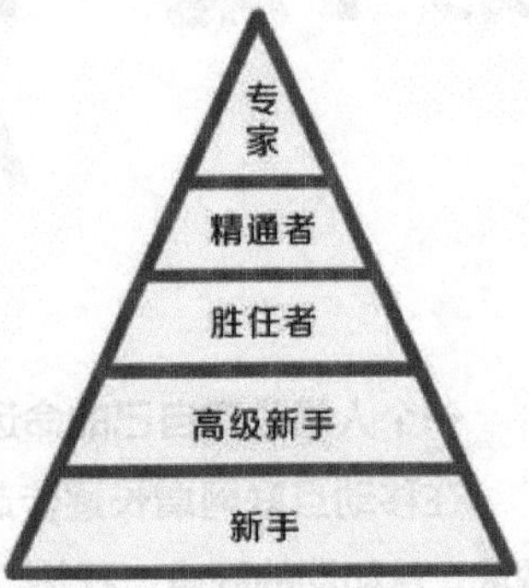

德雷福斯模型根据人们对技能的掌握程度，自底向上将人们分成5个不同的等级：新手、高级新手、胜任者、精通者、专家。

新手、高级新手的知识和经验较少，需要经过一定的指导才能完成工作，无法处理比较复杂的工作，看待问题的角度也比较片面。

胜任者拥有比较完整的领域背景知识，能够独立完成大部分工作，但面对复杂的问题时还是缺乏有效的解决思路和手段。

精通者不仅有丰富的领域知识，还能发现复杂问题背后的通用规律，能够从全局思考并解决复杂问题，且能对项目的中长期发展有一定规划。

专家对领域内的知识有极致的了解，同时能够结合其他领域的特点，提出创新的方向，在处理复杂问题时，能够抓住核心并从更高层次思考和解决问题。

本章我们将参考德雷福斯模型，给出不同等级的 Android 开发者需要具备的能力，并给出相应的学习建议，希望可以帮助你界定自己的水平，找到学习方向。

图 1-1 德雷福斯模型

1.1 初中级开发者需要具备的能力

初中级开发者一般指从事 Android 开发不久（1 ~ 3 年）的新人。他们对 Android 开发有一些了解，实现过一些简单的需求，但遇到问题时不知道如何处理，缺乏全面的认识和解决问题的思路、方法。

初中级开发者的判断标准如下。

- 能够在同事的协助下，完成常见的业务需求。
- 执行力强，能够及时完成安排的工作。

初中级开发者需要具备如下技术能力。

- 有比较好的操作系统、数据库、网络、数据结构和算法等方面的基础。
- 熟悉 Java/Kotlin 的基本使用，了解集合、并发、泛型、反射等的使用。
- 了解 Android 开发基础知识，包括四大组件、Jetpack 等。
- 熟悉 Android 布局绘制流程，具备自定义 View 的能力。
- 了解 Android App 构建过程，能够编写简单的 Gradle 脚本。
- 了解常用的第三方框架，能够使用框架比较快地实现需求。

初中级阶段的 Android 开发者一般是团队里的助手角色，帮助高级开发者实现需求，需要掌握的主要是软件开发基础和 Android SDK 的基本使用方法。

一般公司在招聘初中级开发者时，由于其 Android 开发经验不够丰富，所以会更侧重于考察其计算机基础、程序设计语言基础、Android 基础，比如数据结构算法、网络协议、Java 集合框架、并发、Android 四大组件细节等。因此，如果你是想要从事 Android 开发工作的读者，或者是刚刚工作不久的新手，可以对本节提及的知识点进行深入学习。

1.2　高级开发者需要具备的能力

高级开发者一般指能够独当一面的开发者。他应对日常需求在 Android 平台上的实现方式均有所了解，能够对一些复杂的需求进行合理的设计和拆解，同时能够兼顾扩展性和性能。此外，这也要求其在项目协作方面有比较强的能力，可以积极组织协调各个职能部门的同事，推进项目落地。高级开发者一般需要 3 ～ 5 年工作经验。

高级开发者的判断标准如下。

- 有比较多的项目实践经验。
- 能够独立处理比较复杂的项目需求，合理地将其拆解并实现。
- 实现需求的同时注重效率和项目架构。
- 能够指导团队内的实习生和初中级开发者。
- 能够成为项目某个模块的负责人，评估相关业务需求的合理性和迭代规划。

高级开发者需要具备如下技术能力。

- 掌握 Android Framework 的常见原理和具体工作，比如事件循环机制、Activity/Fragment 启动流程、生命周期、布局的绘制流程、事件分发等。
- 掌握 Jetpack 常用组件的实现原理和适用场景。
- 熟悉跨进程通信的基本使用，了解多进程的使用场景。
- 掌握常用的设计模式，了解常见的架构模式的优缺点。
- 熟悉常用的第三方框架的原理和设计思想，能够根据场景选择合适的框架。
- 熟悉 Android App 构建过程，了解常用的字节码处理三方库，能够实现通用的编译时修改插件。

• 了解常用的性能优化工具，有性能优化意识。

高级阶段的 Android 开发者一般是团队里的核心成员，需要具备丰富的实战经验，除了会用 Android 的相关技术，还要明白不同技术的优缺点和使用场景。另外由于其有独立负责的模块，在开发任务繁重的时候，可能会有初中级开发者一起协作，那高级开发者就需要承担起指导的责任，合理地拆解和分配需求，带领伙伴既快又好地实现项目需求。

一般公司在招聘高级开发者时，更偏向于有复杂项目工作经验的人，"复杂"的判断标准如下。

• 业务复杂，涉及技术多，比如音视频、Hybrid（混合模式）相关。

• 日活高，比如百万、千万甚至更高。

• 开发时间长，团队成员多。

面试时除了项目复杂度，个人在其中承担的角色也应非常重要。比如有独立负责某个复杂模块或者开发底层组件经验的人，一定比只处理开发列表页等简单业务的人有优势。

一般公司在招聘高级开发者时，会通过一个业务需求使用的技术，引出实现细节、底层原理进行考察，比如从网络框架一路问到三次握手。所以如果你是初中级 Android 开发者并想要晋升，或者是高级开发者并想要变得更强，可以从这些方面深入学习，做到对项目里使用到的技术，深入理解其原理和设计思想，同时能将其和计算机基础结合起来。

1.3 资深开发者需要具备的能力

资深开发者一般指能够带领团队的开发者。他本身的技术应过硬，同时对项目和产品有比较深入的认识，能够通过自己的技术、业务见解，影响团队的工作方向。资深开发者一般需要 5 年以上的工作经验。

资深开发者的判断标准如下。

• 能够结合 Android 设备的特性，为业务 / 技术需求提供置信度高的建议。

• 作为项目负责人，可以根据业务类型做技术选型，能够做出中长期技术规划。

• 在团队内有比较大的影响力，团队建设能力强，能够带领初中高级开发者。

• 作为技术难题攻坚的头部力量，能够解决复杂问题。

资深开发者需要具备如下技术能力。

• 了解 Android NDK（Native Development Kit，原生开发工具套件）开发，包括但不限于 C/C++、JNI（Java Native Interface，Java 本地接口）等。

• 对 Android Runtime 有基本的认识，能够根据问题快速了解具体技术细节。

• 掌握 Android 项目架构的常用技术及核心原理，包括但不限于组件化、插件化、热修复等。

• 熟悉 Android 启动、内存、卡顿、功耗、包大小等的优化方法和工具。

• 熟悉 Android App 构建过程，能够对编译速度进行优化。

• 熟悉业务类型所需的领域技术，比如音视频技术、跨平台技术、图像处理技术等。

资深阶段的 Android 开发者一般是团队的领导者，需要在技术实力、决策思维、沟通协作方面做出表率。这就要求资深开发者在完成业务需求的同时，还需要多花时间思考项目的技术选型和架构是否能够满足业务迭代需求，从而在合适的时机进行项目优化甚至重构；同时经常在团队、部门内做技术分享，提升自己的影响力，这样资深开发者做的决策才会使大家信服。若资深开发者的技术能力或者视野广度不够，则可能在技术选型和推动项目落地时遇到不少困难。

一般公司在招聘资深开发者时，技术方面的考察内容会涉及 Android App 开发整个流程的知识点，包括但不限于项目架构、开发框架、编译优化、迭代速度、质量优化等方面的知识点，当然也不要求每个都精通，只要一专多能即可。另外，公司也会考察面试者在项目拆解、技术选型方面的能力，比如给一个较为复杂的需求，让其给出架构设计和核心模块的伪代码实现。

如果你是高级开发者并想要晋升，或者是资深开发者并想要变得更强，可以对本节提及的知识点进行深入学习，然后从 App 负责人的角度思考项目整体架构的合理性和优化点。

1.4 性能技术专家需要具备的能力

资深开发者再进一步发展，主要有两个方向，即技术经理和技术专家，分别对应业务方向和技术方向。

技术经理需要有技术广度，除了 Android 技术过硬，对其他技术也要有所了解，同时商业思维和项目管理能力等也要很强，最重要的是具备团队建设能力，负责的团队能够以较高的速度、质量和满意度落实规划；技术专家需要有技术深度，对 Android 的某个领域有非常深入的理解，可以牵头完成复杂技术攻关，可以从领域的视角出发为产品提供发展建议。

在规模较大的企业内，技术专家一般分多个方向，常见的有音视频、跨平台、图像处理、性能优化、DevOps、端智能等。每个方向涉及的知识点都非常多，因为它们是与平台无关的通用技术，无论是 Android、iOS，还是前端、后端，这些方向都会涉及到，所以开发者可以将其作为个人技术特长深入学习。

限于篇幅和笔者的个人经验，本书主要介绍的是 Android 性能技术专家需要掌握的相关知识，本节先介绍性能技术专家需要具备的能力。

性能技术专家一般指在性能优化相关领域有深入实践的开发者。除了业务手段，性能技术专家更要能从系统底层出发，根据系统运行机制，提出针对业务的优化思路和方法。

性能技术专家的判断标准如下。

- 具备独到的技术深度，在部门内技术影响力强。
- 能够发现产品存在的体验问题，提出系统的优化方案并取得收益。
- 能够根据技术领域的发展趋势，为产品提供优化方向。
- 不限于技术方向，可以从多维技术角度思考，为业务提供技术价值。
- 对团队的整体技术提升负责，在技术分享、技术规范、代码审查等方面有比较多的经验。

性能技术专家需要具备如下技术能力。

- 熟悉 Android NDK 开发，掌握常用的 NDK 的使用场景。
- 掌握 Linux 系统编程，能够从 Linux 系统角度思考优化方案。
- 熟悉 Android 虚拟机核心模块，能够根据问题快速了解具体技术细节。
- 熟悉 Android 启动、内存、卡顿、功耗、包大小等的底层原理，具备相关优化能力。

- 掌握 Android ANR（Application Not Responding，应用无响应）、OOM（Out Of Memory，内存不足）、崩溃等稳定性问题的解决思路、方法和工具。
- 熟悉 Android App 构建过程，能够对编译速度进行优化。

性能技术专家一般是公司中性能方向的"权威"，能够结合 Android 系统的运行机制，为产品提供性能诊断、优化建议和分析工具。要达到这个阶段，开发者需要有全面的知识体系，同时在实践中通过解决大量的问题，沉淀分析经验和理论，从而对 Android 系统架构从下到上有深入的理解。

一般公司在招聘这个阶段的开发者时，在技术方面会考察得比较深入，可能会从 Linux 进程管理、内存管理、CPU（Central Processing Unit，中央处理器）调度，一路问到 Android 虚拟机的 AOT（Ahead Of Time，预编译）、类加载、代码执行，然后问到上层的界面渲染、内存申请等细节。当然，不会要求面试者对所有细节都非常熟悉，只要能打通某个线，具备相关基础知识即可，这样再学习其他知识也很容易。

本书的主要目的，就是为读者提供成为 Android 性能技术专家的学习指引，解决普通 App 开发者不了解、不知道 Linux 和 Android 虚拟机的使用场景的问题。无论你现在做什么业务，性能优化都可以派上用场，相信读完本书，你可以对性能优化和成为性能技术专家有更深刻的认识。

1.5 小结

本章从判断标准、技术能力和面试考察点 3 个角度出发，介绍了不同阶段的 Android 开发者需要具备的能力，并给出成长相关的建议。

笔者从业至今，先后看过近百份简历，模拟面试、真实面试数十次，发现很多 App 开发者的技术都停留在业务层，对 Android 虚拟机和 Linux 缺乏基本的了解，在做性能优化时没有有效的手段，晋升 / 面试时没有亮点；与之相反，不少系统开发者在底层方面的知识和经验比较多，但对上层的业务和框架不熟悉，导致做业务时没办法完全发挥自己的优势。

性能优化作为一个贯通上层业务和底层原理的领域，适合想对 Android 有全面认识的开发者深入学习。重要的是，学习这部分知识，既容易在工作中产生价值，还具备可迁移性。

容易产生价值，是因为性能优化是通用需求，任何业务（电商、直播、游戏等）发展到一定阶段，都可以在用户体验优化上获取收益；而可迁移性得益于 UNIX 系统和虚拟机的广泛使用，即使开发者更换其他平台，大部分知识也可以复用。

思考题

根据本章提供的评测模型，你是否能够判断出自己目前属于什么级别？对于达到下一级别需要具备的能力，你是否已经清楚？

第2章 优秀的开发者具备的素质

在职场中决定一个人能走多远的，除了硬实力，还有软素质。在第 1 章我们了解了不同阶段的 Android 开发者需要具备的技术能力，本章我们来看一下在工作中比较重要的素质。

关于人才素质测评，有一个经典的"冰山模型"，如图 2-1 所示。冰山模型将人们的外部表现和内部素质，分别比作冰山的表面、水面下的中层和深水中的底层。

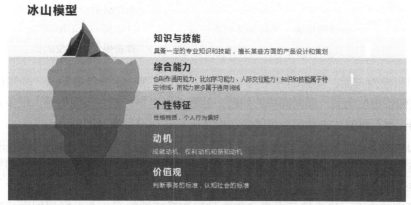

图 2-1　冰山模型

最上层素质是知识与技能。对 Android 开发来说，知识就是开发 Android App 时所需的信息，包括但不限于计算机基础、编程语言、开发框架等；技能就是拆解需求，进行抽象建模，使用代码完成任务的能力。这部分是工作所需的基本素质，容易习得，通过一定时间的训练即可具备，在晋升 / 面试过程中首先考察的就是这部分素质。

中层素质是综合能力，包括学习能力、人际交往能力等。这些素质是学习知识、应用技能的基础，也是绩效优秀和普通的关键影响因素。企业招聘人才时，技术管理者和人力资源管理者会针对面试者的这部分素质进行判断，一般通过过往经历、做出的成绩、情景问题和现场表现等进行衡量。越是核心的岗位，这部分素质要求越高。

最底层素质是个性特征、动机和价值观。这些素质是影响人决策的核心因素。在与他人（尤其是陌生人）交往时，人们会对自己进行约束，因此这些素质相对于中层素质而言，更难评估，需要通过长时间的观察才能得出结论。有时候一些面试官会故意出一些刁钻的问题来考察面试者面对困难的反应。俗话说"江山易改，本性难移"，这些素质与人长期以来受到的教育和成长经历有关，很难在短期内改变。

了解冰山模型后，接下来我们来看一下优秀的开发者在学习能力、沟通能力和工作思维方面有什么特点，希望这些优秀素质可以给你带来一些启发。

2.1 好的学习能力是什么样的

学习能力决定了我们的成长速度。很多人"学完就忘""只知其一,不知其二""看着很忙,但没成长",有一些人却总能很快地成为一个新领域的胜任者,两者的区别主要体现在学习积极性、学习内容、学习方式方面,如表 2-1 所示。

表 2-1　两种不同的学习情况

学习要素及结果	优秀开发者	普通开发者
学习积极性	自动,自发学习一些知识	被动,需要用到时再学
学习内容	有计划,知道近期规划和长期规划中需要补充的知识	不知道该学什么,看到什么学什么（学热门的,如大数据、AI 算法）
学习方式	系统性学习 主动思考、建立联系,输出（加深印象）	片段学习（三天打鱼,两天晒网）、"二手"学习（听音频、看博客）
学习结果	很快能成为一个新领域的胜任者	学完就忘; 只知其一,不知其二; 看着很忙,但没成长

在学习积极性方面,优秀的开发者一般自驱力比较强,能够自发学习一些知识,这样的结果是知识储备更加全面,面对同样的问题,处理手段更多;与之不同的是,很多人是被动学习的,等到非用不可时才去学习,可能会在机会来临时却没有做好准备。

在学习内容方面,优秀的开发者会花很多时间确认学习方向,均衡学习内容的长期价值和短期收益;与之不同的是,很多人是迷茫的,不知道该学什么,常常会学习热门知识,不考虑其是否有落地场景。

在学习方式方面,优秀的开发者会集中学习和系统性学习,在做好规划后,花大量时间集中学习一个主题的知识,同时综合多种学习资料,得到一个全面、系统的结论;与之不同的是,很多人都有穿插式学习和局部学习的情况。穿插式学习是指并发学习多种内容,比如上班路上看 Kotlin 协程课程,午休看云原生课程,下班看大数据课程,第二天又再学新的知识,长期下来,似乎知道很多,但又只知道皮毛。局部学习是指在学习新技术或者新框架时,只学习了某一个环节,没有掌握全貌,这样的结果是不知道各个环节是如何协作起来的,也就无法学到整体设计思想,无法理解其与旧技术或旧框架的区别。

在了解如何在学习积极性、学习内容和学习方式方面做得更好后,我们可以像如下这样行动。

- 明确自己的近期目标和长期目标,写下本周、本月、本年、近三年最重要的事是什么,如表 2-2 所示。
- 列出完成这些目标需要做哪些事,尽量写得可以量化。
- 列出实现这些结果需要的知识有什么,自己需要补充哪些。
- 把这个表放到自己随时可以看到的地方,比如打印出来贴在门上,或者用作计算机、手机桌面都可以。
- 定期更新进度。

表 2-2　改善学习能力的方法

时 间	目 标	关 键 结 果	需补充知识	进 度	输出内容
本周	完成图片监控	图片监控 SDK	Android 图片的创建流程	××%	链接
本月	完成 Native 内存监控功能	Native 内存实时展示前端工具；Native 内存分配归因 SDK	Linux 内存分配流程细节	××%	
本年	完成图书编写和发布	图书初稿完成	Word 排版技巧	××%	
近三年	成为高级开发者	至少引领团队完成一个公司级项目；在权威会议中分享一次以上	技术广度；技术管理；系统设计		

我们需要不断地提醒自己目前最重要的是什么，把它铭记在心，然后把时间花在能够帮助我们实现目标的事情上。

在选择学习的知识时，最好花更多时间学习底层的、通用的内容，比如计算机基础、框架设计思想、技术选型方法等，这些知识的"半衰期"比语言、框架、工具的"半衰期"更长。

拿 Android 开发来说，官方框架和第三方库为了让更多人使用，其 API 设计可能会随时调整，没必要花很多时间追随潮流。更好的选择是，吃透一个同类型的框架，深刻理解其解决了什么问题、如何解决的即可。在新框架出来并且有一定热度后，通过社区分析文章对比其是否有质的突破，然后决定是否要花时间全面学习它。学有余力，再花一些时间了解底层技术，比如 Linux 系统、Android Framework 等，这些是变化更少、更有长期价值的技术。

如果需要学习的与工作相关的知识很多，不得不并发学习，可以考虑针对不同内容建立知识体系（比如采用博客、思维导图的形式），初期先建立整体认识和资料索引，后期逐步完善整个体系的细节，最后做到有一个完整的体系。

在学习方式方面，可以根据当前自己对知识的掌握程度，选择不同的媒介。如表 2-3 所示，在对所学内容了解不多时，可以通过经典书籍和课程大纲建立整体认识；在有一些了解但缺乏实践时，可以跟着培训课程、视频和专栏做几个实践项目；在有实践经验后，就需要通过源代码和官方文档加深理解。

表 2-3　根据对知识的掌握程度选择不同的学习媒介

掌 握 程 度	需 要 做 的	学 习 媒 介	如何使用学习媒介
了解很少	建立整体认识，知道哪些知识点是核心的、哪些知识点是生僻的	经典书籍、课程大纲	根据目录、课程大纲，构建知识体系，标出重点
了解一些，缺乏实践经验	通过实战项目了解知识的使用场景	培训课程、视频、专栏	选取一个通用项目，亲手"敲"一遍代码，及时总结踩的坑和重点知识点的优缺点
有一些实践经验，但不够精通	通过一手资料学习知识	源代码、官方文档	看源代码前先看其他人画的架构图，然后带着怀疑的态度断点调试确认

另外，学习知识也不是一次性的，我们需要定期回顾总结的内容。根据遗忘曲线（见图2-2），我们可以设定一定的复习时间，比如我经常会在学习新内容的两天、一周和一个月后回顾之前总结的文章和思维导图。不同人的遗忘规律不同，我们可以结合自己的遗忘规律，适当调整复习的间隔，经过定期回顾后就能把知识固化在自己的脑子里。

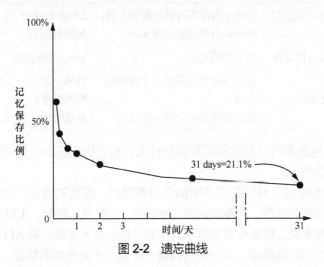

图 2-2　遗忘曲线

如果某个知识点复习多次后还会忘，那说明我们还没有真正理解和吸收它。这种情况下，就需要使用费曼学习法。

费曼学习法是诺贝尔物理学奖获得者理查德·费曼（Richard Feynman，又译为理查德·费因曼）提出的学习技巧，主要由4步组成（见图2-3）。

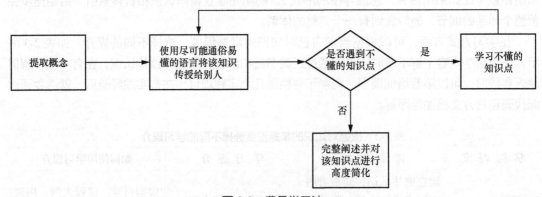

图 2-3　费曼学习法

首先通过阅读、抄录等方式记住新概念，这是我们学习新知识的常规步骤；在这一步后，我们还需要向一个毫无基础的人讲清楚这个概念（强调听众需要是毫无基础的，是为了让我们少说术语，把知识拆解得足够简单，这个过程可以帮助我们理解知识的本质）；如果讲述的过程中遇到问题，说明没有深刻理解知识，就需要重新查看资料提炼核心知识；最后，把这些知识从复杂的概念简化为几个核心词，从而实现知识"提纯"。

2.2 好的沟通能力是什么样的

沟通能力决定了我们是否能够引人注目。任何群体里大多数人都是沉默的，人们保持沉默的原因有很多，或是没能力、没机会，或是对话语的世界有厌恶之情。无论个人意愿如何，在公司这个协作式组织里，要想成为核心，良好的沟通能力必不可少。

有些人在公司干了很多年始终默默无闻、存在感很低，但有的人刚加入不久就成为团队核心，一言一行都引人注目，两者的区别主要如表 2-4 所示。

表 2-4　两种不同的沟通情况

沟通要素	优秀开发者	普通开发者
沟通积极性	主动	被动，很少主动找别人
沟通内容	有建设性，有助于工作开展（平时多留意观察领导、同事、下属关注的内容，是否有自己的建议）	闲聊，价值不大
沟通方式	条理清晰、结构化表达、同频对话	长篇大论、抓不住重点、鸡同鸭讲
沟通结果	引人注目，团队核心	默默无闻，存在感很低

在沟通积极性方面，优秀的开发者会主动找领导、同事、下属聊，和更多人建立联系，从而对项目的方向、进展和问题有更多的了解，也能及时将自己的想法传递给团队；与之不同的是，很多人不喜欢主动表达，除非别人找他，否则不会多发出一点声音。

在沟通内容方面，优秀的开发者总是能聊一些有价值、有助于工作更好开展的内容，比如反馈工作中遇到的一些流程、机制问题（需要注意的是，反馈问题最好做到具体到点，而不是只说感受）。

在沟通方式方面，优秀的开发者会根据外部的反馈优化自己表达的方式、方法，不断提升思考、表达的逻辑性，从而做到条理清晰、结构化表达和同频交流，让听众如沐春风，愿意和他多聊；与之不同的是，很多人没有意识到沟通方式的重要性，没有考虑听众的感受，只顾着一股脑儿讲自己的长篇大论，听众听着吃力且抓不住重点，结果事倍功半、鸡同鸭讲。

在了解了如何在沟通积极性、沟通内容和沟通方式方面做得更好后，我们可以先从战略上提升对沟通积极性和沟通内容的重视，然后从战术上提升以下两点。

◆结构化表达

结构化表达是指在书面和口头表达时，能够按照一定的结构，对内容进行组织和排布。

我们在表达时，常常忽略听众的感受。听众在接收我们的信息时，其实是需要在脑中进行二次加工的，比如"这句话和上一句话有什么关系？""讲了这么多，重点是什么？"如果表述的内容没有被处理，就等于把这部分工作交给了听众，内容越多，听众的工作量越大，久而久之会让听众觉得很累，对我们的内容产生厌倦。

常见的结构化表达方式有这几种：先说结论后讲原因、先说数据后讲行动、先说关系后罗列细节。这些方式的共同点是先讲重点，然后展开。这样处理后，内容就更有条理，听众听起来也会更轻松，愿意多听。

下面是两段面试时的自我介绍。

- 我在某公司工作时，负责 App 从 HTML5（HTML 的全称为 Hypertext Markup Language，超文本标记语言）代码到原生代码的转型，酒店、游记、玩法、当地必知、地图、个人积分商城、赚积分、优惠券、第三方登录、分享、埋点等功能模块的实现，以及扫描识别、拍照、翻译工具的重构。
- 我在某公司工作时，负责通用工具的重构和核心功能的实现：重构了扫描识别、拍照和翻译工具，减少了 20% 的 Crash（崩溃）/ANR（App 无响应）数；开发的核心功能有地图、第三方登录、分享、埋点等；高效地实现了 App 从 HTML5 代码到原生代码的转型。

如果你是面试官，你更喜欢哪段？为什么？

◆ **同频对话**

同频对话就是换位思考，根据听众的角色和关心点，调整表达内容。

随着工作年限的增加，我们承担的责任会越来越大，需要借助的力量也越来越多，这就需要我们能够和各方人士高效沟通，知道领导、同事、下属关注的重点，以他们容易接受的方式组织表达内容。

比如说我们在和领导、下属聊项目时，需要有不同的侧重点。领导可能关注的是项目的价值、风险点、整体流程，那我们就不能只讲某个模块的细节，而要从更高的层面去思考和表达；下属可能更关注自己负责哪个模块，输入和输出是什么，那我们就可以讲得具体一点。

下面是两段工作汇报。

1. 过去一年，我们的手机管家项目有了以下功能。
- 垃圾清理：全面智能扫描，一键清理系统垃圾文件。
- 一键加速：清理、释放内存，使用更加畅快。
- 超强省电：实时监控耗电 App，延长待机时间。
- 微信专清：清理无效缓存垃圾，聊天更顺畅。

2. 过去一年，我们的手机管家项目，用户数增加 ××× 万，用户使用时长增加 ×%，广告收入约 ××× 亿元。在经过长期的技术攻坚后，在 5 个核心业务上取得不错的进展。
- 垃圾清理：通过 ×× 技术手段，解决了 ×× 问题，用户使用时长增加 ×%。
- 一键加速：通过 ×× 技术手段，解决了 ×× 问题，用户使用时长减少 ×%，经过数据分析，得出原因是 ××，后面将采取 ×× 策略进行提升。
- 超强省电：通过 ×× 技术手段，解决了 ×× 问题，用户使用时长增加 ×%。
- 微信专清：通过 ×× 技术手段，解决了 ×× 问题，用户使用时长增加 ×%。

如果你是领导，你更喜欢哪段？为什么？

2.3　好的工作思维是什么样的

工作思维决定了我们对待工作的态度。表 2-5 中罗列了两种典型的工作思维的不同点。

表 2-5　两种典型的工作思维

具 体 方 面	优秀开发者	普通开发者
工作进展	主动透明化	不问就不说
工作内容	想做更有挑战性的事，主动承担责任	安排什么就做什么
对技术的态度	强烈的好奇心	无所谓，能运行就好

对于工作进展，优秀的开发者一般会主动透明化，让他人对自己所做的工作更加了解；与之不同的是，很多人不愿意主动展示自己的工作，除非别人问起。

为什么要透明化工作进展呢？在团队达到一定规模后，信息透明程度成为协作效率的重要影响因素。很多事故产生的原因是"我以为你知道，你以为我知道，但我们其实都不知道"。信息越透明，工作开展就越顺利，团队的效率也就越高。

对于领导来说，知晓自己的下属在做什么、做得怎么样至关重要。团队人数越多，领导对下属的情况就越不清楚，所以如果你可以尽可能多地把自己所做的工作透明化，领导对你的熟悉程度就会甚于他人，这样彼此间的信任感也就越强；对于同事来说，知道和你协作的事情的进展，有助于帮助他决定工作安排。如果你做的工作有值得学习的地方，也会增加你在团队里的影响力；对于下属来说，他们需要知道领导的关注点，从而合理安排工作优先级。

让自己所做的工作透明化的方法有很多，比如通过主动汇报、文档总结、技术分享等方式，及时把自己的工作计划、事情进展、遇到的问题和解决办法同步给领导、同事、下属。

对于工作内容，优秀的开发者总有自己的想法，想做有挑战性的事，愿意主动承担责任或发起项目；与之不同的是，很多人都缺乏主动性，领导安排什么就做什么。

在日常工作中，总会有各种各样的责任需要人去承担，比如线上突然出现一个严重问题、多年没人维护的老项目突然要改造等。面对这些"分外之事"，很多人会选择视而不见甚至推脱，牢牢守着自己的"一亩三分地"。但在优秀的开发者眼中，困难即机会。他们愿意主动承担责任，通过解决这些问题，他们学到了其他人没有的知识，也在团队里增加了影响力。

提升欲望强烈的人，能自驱成长，工作时不设边界，经常超出其他人的预期。这样的人管理成本很低，因此很受领导青睐。

对于项目所用技术，优秀的开发者会主动挖掘其背后原理；与之不同的是，也有人不去主动探究，认为只要能运行就好，出了问题再说，结果要么线上突然出现事故无法解决，要么工作多年后只知道上层 API，技术深度薄如蝉翼。

要成为优秀的开发者，技术好奇心非常关键。有技术好奇心的人对技术的原理有兴趣，为了理解一个技术框架的实现原理，愿意花费几天甚至几周时间钻研源代码。在理解透彻后，他们会感到"打通任督二脉"般愉悦。能否从技术中找到乐趣，决定了你能否快速成为专家。

2.4　小结

本章介绍了能够让人脱颖而出的一些软素质，主要包括以下内容。
- 什么是好的学习能力。
- 什么是好的沟通能力。

• 什么是好的工作思维。

好的学习能力是指具备学习的积极性，在学习内容上有自己的思考和计划，能根据紧急程度和价值决定学习优先级；在学习时会根据自己的需求和掌握程度，选择合适的媒介和方式。

好的沟通能力是指具备沟通的积极性，会经常思考工作中的问题和改进措施，从而能有建设性地沟通内容。在表达时掌握结构化表达和同频对话的方法，能够简明扼要地清楚表达。

好的工作思维是指愿意主动把工作进展同步给其他人，降低协作成本；把困难当作机遇，能够主动承担责任；会主动钻研工作中用到的技术的原理，从而在项目出现问题时能够挺身而出、力挽狂澜。

为什么这些素质很重要呢？这是因为要成为优秀的开发者甚至技术专家，需要 3 个关键因素：个人、团队和项目。

个人因素是指个人能力要强，我们在第 1 章介绍了不同级别的 Android 开发者需要具备什么能力。开发者要不断提升，成长到更高的级别，需要拥有好的学习能力，这样才能在快速迭代的技术浪潮里保持优势。

团队因素是指有一个为共同目标而努力的组织。一个人的能力毕竟是有限的，要达成更大的成就，需要借助组织的力量。因此我们需要提升沟通能力，这样才能和更多人建立联系，维护更大的团队。

要做出成果、体现价值，需要一个有挑战的项目。这个项目可能是领导分配的，也可能是个人在解决困难时不断拓宽边界，最终摸索出的一个大型项目。不论是领导分配的还是个人摸索的，都需要我们具备良好的工作思维，这样才能在相同的岗位上取得更好的成绩，从而得到机会。

思考题

读完本章，你有什么感受？你的学习能力、沟通能力和工作思维是什么样的？

下面是两个同等级别的员工。

员工 A：经常向领导汇报正在做的事情和遇到的问题，当组里有人遇到困难时会主动帮助，有时候也会主动做一些技术分享。

员工 B：除了领导找他，几乎不会主动和领导沟通，对工作内容没有特别的想法，做什么都行，遇到项目问题总是需要别人帮助。

如果你是领导，有一个新项目要找人负责，你会选择谁？为什么？

第 2 篇　认识性能优化和性能测试

第 1 篇介绍了不同阶段 Android 开发者需要掌握的技能和需要具备的素质，接下来将针对性能技术专家这个成长方向，讲解相关基础知识和实操经验。

很多读者可能对性能技术专家究竟是做什么的不太了解，性能技术专家就是负责为企业提供 App 性能保障的技术专家，他们的工作包括建立性能监控、提供优化手段、避免工程腐化等。要胜任这些工作，需要具备非常强的性能测试能力和高超的优化技巧。

本篇我们来详细了解：究竟什么是性能优化；性能测试有哪些命令，分别适合什么场景。

第3章 性能优化

3.1 性能优化的 5 个环节

要理解性能优化，首先要明白什么是好的性能。性能是一个非常主观的概念，在不同人眼里，性能好的标准不一。

如表 3-1 所示，在用户眼里，操作能够得到及时的响应，同时对手机的网络流量、电量等资源没有额外的消耗，就是性能好。对于不同类型的业务，用户关心的点不同：比如当要付款时，可以很快地完成扫码支付流程；看视频时，可以很快地播放且使用很久手机也不会发烫。

在管理者眼里，不论系统使用量多大，投入少量的人力和费用系统就能正常运转，就是性能好，比如购物节时用户量暴增，网站不增加服务器也能不宕机。

在开发者 / 测试者眼里，执行任务需要的时间和空间都很少，就是性能好，比如接口响应速度快、App 启动速度快、内存占用少等。

表 3-1　不同人眼中性能好的标准

角 色	什么是性能好	例 子	价 值
用户	操作能够得到及时响应，同时对手机资源没有额外的消耗	打开 App 时很快见到想要的功能；编辑视频时能很快生成结果同时手机不会发烫	体验好，使用更加顺畅、频繁
管理者	使用较少的资源、人力，就能应对大规模用户的正常使用	在活动期间，用户量激增，不需要增加服务器就能正常应对；在用户规模较大时，投诉量也维持在较低水平	节省开销，可以招更多人、做更多价值的事
开发者 / 测试者	软件的时间复杂度、空间复杂度低	启动速度快、流畅性好、内存占用少等	软件质量高，线上问题少；技术水平提升

很多开发者做性能优化时可能会遇到这样的问题：忙了很久但管理者不认可。这可能是因为只站在开发者的角度思考，觉得启动优化或者包大小优化有价值就开始做，结果做完对用户和公司没有产生直接价值。比如费劲地把启动时间从 6s 优化到 5s，但用户使用时长等指标却没有提升。

明明有优化，为什么没有产生直接价值呢？大概率是因为优化的方向不对。我们做性能优化，最重要的是给用户和公司带来价值。对用户来说，价值就是更好的体验，让他的需求可以更快地被满足；对公司来说，价值就是降低成本、提高效率，使用更少的资源完成更多的任务。在给用户和公司带来价值后，我们个人就能得到一些回报，比如减少加班处理线上问题的情况、得到技术提升、升职涨薪等。

看来性能优化不只是做优化这么简单，还需要找对方向。那如何确认什么优化的投入产出比最高呢？别急，我们先对性能优化有一个全面的认识。

如图 3-1 所示，性能优化包括这 5 个环节：指标、监控、分析、优化和实验。优化只是其中的一部分，处于执行顺序偏后的一环。

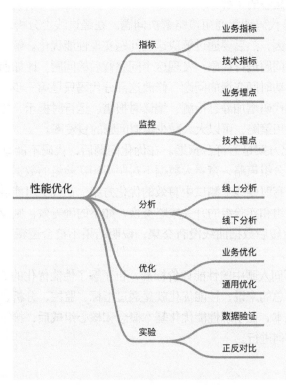

图 3-1　性能优化的核心组成

指标用于指导性能优化方向。要进行性能优化，需要业务指标和技术指标两手抓。日常工作中，很多开发者可能对产品的业务指标并不关心，只关注启动速度、帧率（Frames Per Second，FPS，每秒展示帧数）、内存等技术指标。"皮之不存，毛将焉附"，技术指标再好，若不能体现在业务价值上，都是无用功。决定开启一个性能优化项目前，最重要的就是明确这个优化可以提升的业务指标有哪些，这个业务指标提升后是否能带来足够的价值。只有明确了指标，才有评价标准。

监控用于了解实际情况。在规模稍大的业务中，产品经理和运营经理会提出关于业务指标的业务埋点需求，这些数据可以帮助他们了解线上的业务情况，从而制订切合实际的产品方案、运营策略。开发者也需要主动做技术埋点，围绕业务指标，建立足够多的技术指标监控，从而对核心业务流转、核心页面的性能情况有足够的了解。

需要注意的是，由于技术埋点采集的频率较高且数据量较大，可能会对性能有副作用，所以需要控制监控策略，比如采样、分版本、分设备等。另外，在发现现有指标无法帮助定位技术问题时，可能需要逐步补充指标，对此也应该有相应的策略和监控，避免监控代码本身给用户带来不良影响。

分析用于找到优化点。通过监控数据，我们可以对线上的指标有充分的了解。在发现指标变差后，就需要进行分析。分析主要包括线上分析和线下分析。线上分析的好处是可以获得现场第一手资料，缺点是信息可能有限，无法完全定位到影响性能的原因。因此需要结合线下分析手段，在线下通过更为直接的手段，获得更加全面的信息，从而逼近真相，找到解决办法。线上分析需要开发者主动上报数据，线下分析则需要开发者对常用的性能分析工具（4.2节将介绍相关工具）有足够的了解。

优化是指通过业务代码调整通用策略解决问题。在经过线上分析、线下分析后，我们知道了导致性能问题的原因，然后要通过解决这些问题实现性能优化。解决具体的问题只是第一步，更为重要的是，对问题进行抽象，发现这个问题背后的问题。比如遇到同事不小心在主线程执行文件读写导致启动时间变慢的问题，修改这部分代码只是第一步，为了避免问题重复出现，我们还需要对同类代码增加静态检测、编译时报错、运行时提示、提交代码前中断等流程管控策略。通过提供通用策略，可以大大减少类似问题的复发率。

实验用于判断优化方案是否符合预期。在优化问题后，代码不能直接上线，需要针对不同的人群，制订不同的分组策略，查看大数据下对照组和实验组的数据，从而确认优化方案是否有效和有效的场景。有时候线下测试中有效的优化方案，在线上可能会没有效果，就需要开启反转实验，即将对照组和实验组的开关策略交换，如果的确无效，则反转后两组实验的数据曲线会有交集。如果反转后数据曲线没有交集，说明结果不符合逻辑，可能是其他因素的问题，并非优化方案问题。

本节我们了解了不同人眼中的性能评价标准，也了解了性能优化的 5 个环节，对性能优化有了更加全面的认识。总的来说，性能优化就是通过指标、监控、分析、优化、实验等，提升用户体验、降低公司成本。在了解性能优化基本概念和核心组成后，接下来我们来了解在实际工作中，性能优化该如何进行。

3.2 性能优化如何进行

3.1 节中我们了解到，性能优化是指通过"指标、监控、分析、优化、实验"这 5 个环节，减少 App 对用户设备资源和公司资源的使用，从而提升用户体验、降低成本，最终对业务增长起正向作用。

本节我们将介绍，要进行性能优化，指标、监控、分析、优化、实验等环节具体要做什么。

3.2.1 瑞士奶酪模型

关于事故有一个经典的模型：瑞士奶酪模型。如图 3-2 所示，瑞士奶酪模型指出：一个事故之所以发生，是因为生产过程的各个环节都有问题，问题带来的危险穿过层层漏洞导致最终的事故。

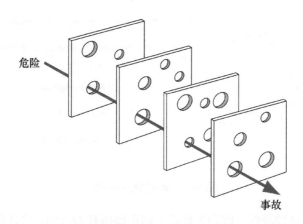

图 3-2 瑞士奶酪模型：危险"穿过多个孔"后导致事故

在软件生产过程中，主要涉及开发、测试、验收、发布等环节，如图 3-3 所示。线上用户遇到稳定性问题和性能问题，说明这几个环节都有漏洞，因此问题才会在开发环节诞生后，一路到达用户侧。

比如说用户反馈更新版本后总是卡顿。在这个问题发生后，除了让相关开发者及时修改代码，还可以有以下思考。

- 如果内部有比较好的代码规范、静态检测机制，或许开发者就能及时意识到不该这样写代码。
- 如果有足够好的代码审查机制，或许问题在提交后就会被同事发现。
- 如果开发者及时自测或者通知相关测试人员，或许问题在测试阶段也能复现。
- 如果需求发起方进行了慎重的验收，或许问题在验收阶段也能被发现。
- 如果在发布阶段，有逐步放量观测的流程，或许问题能在正式发版前被拦截。

总的来说，我们做性能优化时，除了解决问题本身，还要再往前一步——加强流程的各个环节的管理，尽可能早地捕获异常。这点要常记于心，努力做到一劳永逸。

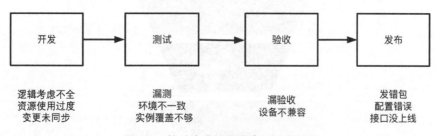

图 3-3 软件生产问题发生的环节原因

3.2.2 厘清目标和现状

在了解瑞士奶酪模型后，接下来我们来看一下在做性能优化时，第一步需要做的事：厘清目标和现状，如图 3-4 所示。

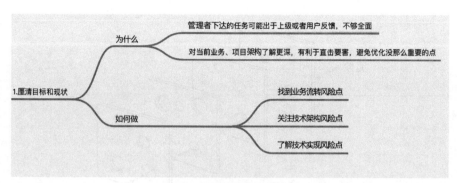

图 3-4　厘清目标和现状

为什么要花时间做梳理呢？因为先保证方向正确再开始行动，会让整体的效率更高。比如管理者布置的任务，可能是他的上级或者用户反馈问题后，他根据经验拆解得出的结论，层层传达后，最终了解到的不一定是真正的问题。此外，对业务、项目架构了解更深后，我们可以自发地提出更加全面的目标，有助于提出更好的方案，直击要害，避免"起了个大早，赶了个晚集"。

那我们该如何梳理呢？主要包括 3 步。

第 1 步，找出业务流转风险点。

我们要明确业务的核心指标。这里说的不是新增、活跃、留存、PV（Page View，页面浏览量）、UV（Unique Visitor，独立访客量）等通用指标，而是和业务模式强相关的核心指标。比如图 3-5 所示的购物 App 核心环节，用户从使用到下单需要经过推荐 / 搜索、查看详情、加入购物车、下单、支付等环节，各个环节的使用次数和转化率就是核心指标。

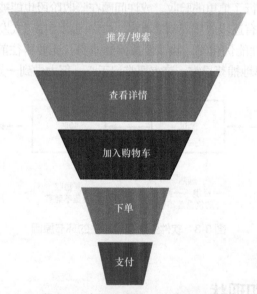

图 3-5　购物 App 核心环节漏斗图

通过了解业务的核心指标，我们能知道哪些环节是业务流转的关键点，哪些环节出现问题会对公司收入带来很大的负面影响。然后可以围绕核心环节的风险点，树立相关的技术指标，通过这些指标来发现影响转化率的技术问题，比如核心功能的启动速度、核心页面的加载

成功率 / 流畅性、直播业务的拉流速度、聊天室的建链速度等。

第 2 步,我们还需要关注系统的技术架构风险点。

技术架构风险点是指系统采用的技术方案引入的风险点。如表 3-2 所示,常见的 App 架构方案有单体、多仓(多个 Git 仓库,每个可以单独运行)、插件化、动态化、Hybrid 等。每种架构都有它的局限性,所以我们需要对当前 App 使用的架构存在的风险点了如指掌,然后针对风险点树立技术指标并进行监控。

表 3-2　不同技术架构的优点及风险点

架构方案	介　绍	优　点	风　险　点
单体	所有业务在一个仓库里,直接依赖	开发简单,可以直接修改	容易出现构建问题和错误修改问题
多仓	按照业务拆分仓库,通过路由中转	单独维护编译,效率高;不会被其他人改错	重复代码增多,路由异常
插件化	动态加载代码,实现业务的动态插拔升级	业务升级不需要新发版本	升级失败,安全问题,API 兼容问题
动态化	自定义界面绘制规则,动态下发不同的规则	业务升级不需要新发版本	可能存在性能问题
Hybrid	使用浏览器加载前端页面	业务升级不需要新发版本	可能存在性能问题

第 3 步,我们还需要了解技术实现风险点。

技术实现风险点是指具体业务需求的实现方案可能引入的风险点。如果说技术架构风险点是架构师需要重点关注的内容,那普通开发者就需要对技术实现风险点格外清楚。

在厘清业务流转、技术架构、技术实现的风险点后,我们对项目的现状有了比较清晰的认识,然后确认性能优化的目标,就可以根据它对风险点的价值大小,确定优先级。

3.2.3　搭建监控系统

知道要关注的业务指标和技术指标后,就可以搭建监控系统了。

搭建监控系统的主要目的:对 App 的线上运行情况有直观的认识,当问题"逃逸"到线上时,能够尽可能早地发现并解决,避免其造成更大的影响。

那么监控系统如何搭建呢?如图 3-6 所示,主要包括 4 步。

第 1 步,采集数据。我们需要把前面确认的优化指标拆分成一系列关键点,然后定义前端、后端理解一致的数据模型。如果是多端复用的优化指标,可能还需要做一些数据映射,以保证可以复用同一套系统。在这个步骤,我们可以先试着写一些简单的采集代码,只有动手了才能确认,哪些数据是可以获得的,哪些数据是有版本兼容问题的。另外,需要注意控制采集数据的频率,尽量做到在获得想要的数据的同时,减少对系统的影响。

图 3-6　监控系统搭建步骤

在采集数据时，我们除了要尽可能多地增加指标和日志，还需要提供在线调试、日志回捞等手段，以便在问题发生时，提升线上的问题分析能力。

第 2 步，上报数据。在设定上报策略时，需要着重注意数据的上报量和请求体大小，避免带来过大的服务器压力。对于那些在 App 存活期间不断采集的指标，一般会配置一定的采样率，避免全量上报，比如只对 5% 的用户开启数据采集。如果上报的数据里有数组或嵌套数据，则需要限制数组的大小和嵌套深度。曾经在我的小组里出过一个事故，由于上报策略不严谨，在某种异常情况下积压了非常多的数据，导致上报时数据过大（几百 MB），失败后还会重新上传，导致服务器宕机、无法提供服务。通过这个事故我们可以看到，上报数据需要格外慎重，应做好采样频率和数据的校验。

第 3 步，按照不同的维度对数据进行聚合。

首先根据 App 版本号、设备类型、设备版本号、业务场景、页面等维度对数据进行聚合，提供不同分位数的数据，这样在遇到问题时能够多一些判断方向。比如线上 ANR 突然增加，我们需要先看问题究竟是从哪个 App 版本开始陡增的，这个版本有什么变更；然后看出现问题的场景、页面，是不是业务代码修改导致的；如果不是业务代码导致的问题，就需要看是不是某个特定类型的设备、特定设备版本导致的，这个版本系统源代码有没有什么变化。

分位数是数理统计中的一个概念，用于衡量在有序序列中不同位置的指标。因为和百分比相关，所以分位数一般用 p 加数字表示。比如启动时间 p90 为 5s，就是指在所有启动时间数据中，有 90% 的启动时间数据在 5s 以下。需要注意的是，p50 和平均值不同。p50 是指在有序序列中，处于中间位置的数据；而平均值则是用总和除以数量得到的值。一般来说，我们更关注 p50，因为平均值容易受到极端值影响，一旦上报的数据里有异常值，平均值就完全失准。

监控系统除了支持根据不同维度对数据进行筛选、排列，还需要把类似的指标聚合为一个整体指标，这样做较于零散指标，在进行数据分析时会更加高效。

前面提到，性能优化的目的之一是给用户提供更好的体验，那究竟什么是用户体验呢？总的来说，可以概括为"稳、快、少"，如图 3-7 所示。

- 稳：稳定运行，包括在弱网、无网情况下能够继续使用，没有崩溃、页面加载错误、白屏等。
- 快：用户操作的响应速度快，包括启动速度快、页面加载速度快、滑动更流畅等。
- 少：用户可感知的资源的使用少，包括耗电少、磁盘占用少、流量使用少等。

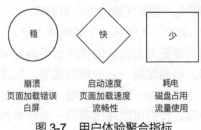

图 3-7 用户体验聚合指标

因此，我们可以把崩溃、页面加载错误、白屏等指标聚合为一个稳定指标，把启动速度、页面加载速度、流畅性等指标聚合为一个体验指标，把耗电、磁盘占用、流量使用等指标聚合为资源使用指标。然后通过线上的大量数据，得到各个聚合指标的正常/异常标准，从而计算出它们的正确率。这样后面在使用监控系统时，可以先看 3 个聚合指标，如果聚合指标有问题，再看具体的指标，效率会提升不少。

第 4 步是可视化展示。数据采集、上报做得再好，没有直观友好的展示，也没有意义。做监控最终的目的是提供直观有效的数据，帮助业务方分析现状和解决问题。如果我们的平台的使用成本很高，会给使用者带来很大的负担，久而久之大家就会不愿意使用，我们做的所有工作就失去了价值。

在开发可视化展示部分时，可能会有以下两种情况。

1. 项目重要性高，领导给这个项目提供了前端开发资源。

2. 项目重要性低，数据的采集、分析和展示基本都得自己完成。

如果是第一种情况，我们需要做的就是和各端开发者明确目标：监控系统要解决的核心问题是什么，要为哪些风险点提供数据支撑，分析问题时需要哪些数据。目标明确后，对具体细节就不需要过多操心了，过分地干预反而不利于其他同事发挥作用，只要确认最终成果能实现期望的功能即可。

如果是第二种情况，需要一人身兼数职，除了负责 Android 上的数据采集，还需要完成后端的数据存储、前端的数据展示。在这种情况下，我们需要以完成监控系统搭建为核心目标，多调研、借鉴业内的可视化方案，尽量"站在巨人的肩膀上"，而不是"重复造轮子"，这样才能更快地上线以验证效果。

表 3-3 列举了一些不同平台的开源可视化方案。

表 3-3　不同平台的开源可视化方案

平　台	开　源　库	功　能　介　绍
手机端	/square/leakcanary	出现 Java 内存泄漏时在通知栏进行提示，用户点击提示可查看堆栈信息
	/didi/Dokit	滴滴开源的研发效率提升工具，支持在手机上进行快捷的测试，内置很多常用的工具
计算机桌面端	/facebook/flipper	Facebook 开源的桌面端工具，支持开发自定义的插件
浏览器端	/hehonghui/mmat	生成本地 HTML 文件，展示性能数据
	/grafana/grafana	配置、生成可视化监控系统，可设置多种数据源
	/pandas-dev/pandas	使用 Python 生成图表

如果想要在手机上展示数据，可以使用 LeakCanary 库和 DoKit 库。

如图 3-8 所示，LeakCanary 库是业内知名的 Java 内存泄漏检测库，提供了直观的异常提醒、异常列表和详情界面等功能。我们可以借鉴它的列表页和堆栈布局。

DoKit 是开源的手机端研发效率提升工具，提供了统一调试面板、常用工具和性能监控等功能，如图 3-9 所示。它的悬浮窗、监控数据实时展示等功能值得我们参考。

在手机上展示数据的优点如下。

1. 可实时查看异常数据，在问题发生时开发者就可以立刻看到。

2. 开发成本较低，不需要开发前端/后端。

图 3-8　LeakCanary 库的异常数据展示界面　　　　图 3-9　DoKit 功能

在手机上展示数据的缺点如下。

1. 数据没有持久化存储，如果单点的开发者不小心忽略掉某些异常数据，问题可能就被遗漏了，不利于问题的聚合和分析。

2. 受限于手机屏幕尺寸，可以展示的数据有限，查看效率略低。

如果想在计算机桌面端展示数据，可以参考 Flipper。

如图 3-10 所示，Flipper 是开源的桌面端工具，使用 Electron、React、TypeScript 开发，支持将代码编译为 macOS/Windows/Linux 平台 App，提供桌面端和移动设备的数据通信功能与业务插件加载机制。Flipper 目前已有的功能：实时查看 Logcat 日志、CPU 频率、网络、数据库等。Flipper 支持开发者自定义自己的功能插件，开发者可以开发自己的 Android 桌面端插件，在 Android 侧采集数据，然后使用 Flipper 提供的数据通信功能，将数据发送到计算机桌面端进行呈现、分析。

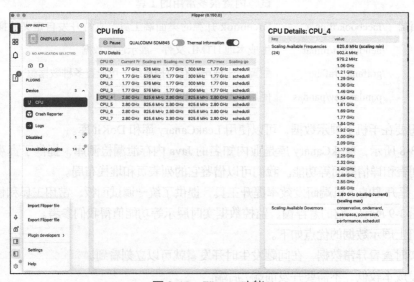

图 3-10　Flipper 功能

目前业内有不少基于 Flipper 开发的桌面端分析工具,比如字节跳动的火山引擎的 App 性能分析工作台,可以针对 Android App 和 iOS App 进行稳定性和性能的测评与分析,目前已开放给开发者使用。

在计算机桌面端展示数据的优点如下。

1. 相较在手机上展示数据,可以呈现的信息更多,可视化方案也可以更丰富。

2. 通过 ADB(Android Debug Bridge,Android 调试桥)可以实现命令发起、数据获取(见图 3-11),不需要单独开发 Socket(套接字)通信。

在计算机桌面端展示数据的缺点如下。

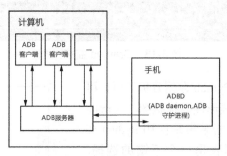

图 3-11　ADB 的基本实现

和在手机上展示数据的缺点一样,数据存储还是单点的,无法将多台计算机采集的数据聚合起来。

如果想在浏览器上展示数据,可以参考 mmat、Grafana 和 pandas。

mmat 是开源的 Java 内存分析工具,用于解析 hprof 文件(Java 堆快照文件),获取其中的大对象、小对象和内存泄漏数据等。在解析 hprof 文件后,mmat 会将数据保存为 HTML 文件,该文件可以在浏览器中打开查看,分析结果如图 3-12 所示。

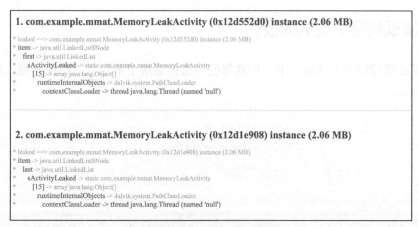

图 3-12　mmat 分析结果

Grafana 是由 Grafana 实验室开源的数据可视化平台。它提供了多种数据呈现方式,支持数十种数据源,搭配 Prometheus 可以很快地实现一个功能完备的监控系统。图 3-13 所示是典型的 Grafana 监控界面。

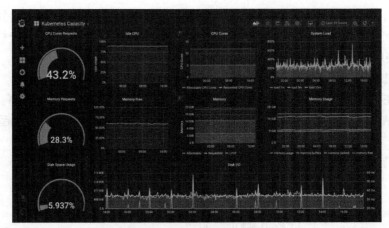

图 3-13　Grafana 监控界面

pandas 是 一个开源的 Python 数据分析工具，可用于生成多种图表，包括线形图、柱状图、条形图和直方图等。如果你的数据采集是使用 Python 实现的，使用 pandas 生成图表是一个不错的选择，图 3-14 为使用 pandas 生成的趋势图。

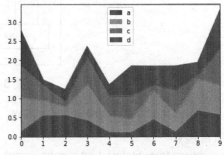

图 3-14　使用 pandas 生成的趋势图

在浏览器上展示数据的优点如下。

1. 监控数据的呈现方式更丰富。

2. 可选的开源库更多。

在浏览器上展示数据的缺点如下。

1. 需要开发数据存储功能，工作量较大。

2. 在了解这些开源可视化方案后，我们可以结合需求场景，选择合适的方案进行二次开发。

3.2.4　发现问题，定位原因

监控系统搭建好并上线后，下一步就是使用监控系统了解现状，发现问题，定位原因，如图 3-15 所示。

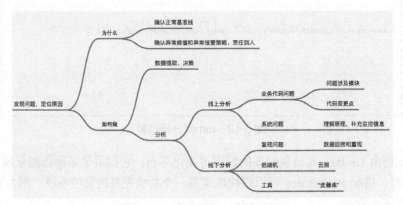

图 3-15　发现问题，定位原因

在实际工作中，很多开发者只在遇到问题时才打开监控系统，这其实是不正确的。监控系统的作用很多，除了帮助我们及时发现问题，还可以让我们知道正常情况下的指标范围，从而确认指标的"正常基准线"和"异常阈值"。

随着 App 的迭代，指标范围会不断变化，1.0 版本和迭代多年的复杂版本，它们的内存大小、启动时长、流畅性等一般会有很大差异。在新版本发布后，我们需要观测线上数据，确认它比上一个版本是更差还是更好；在长期没有发现问题时，我们更要经常查看监控系统，从而确认究竟是真的没有问题，还是采集的数据不准确。

确认指标的异常阈值（比如物理内存超出 500MB 为异常、启动时间超过 5s 为异常）后，我们可以设置异常报警策略，将核心指标指派到具体的负责人，这样在问题发生时，我们就能及时通知到对应的开发者。

收到异常提醒后，我们就需要进行问题的分析和定位，一般会结合线上数据、线下工具同时进行分析。

线上数据的好处是贴近现场，可以拿到问题发生时的第一手信息；缺点是数据有限。很多时候在问题发生后我们才会感慨"如果这里有一些日志就好了"。因此，为了防患于未然，在日常开发时，如果是比较复杂的业务，我们可以主动在关键节点增加日志，这种日志在开发阶段可以直接通过 Logcat 输出，但在上线后是通过配置管理的，没有问题时不打开。当遇到问题时，打开开关，即可上报、回捞相应的日志信息，这样可以大大提升问题分析能力。

除了日志，堆栈信息也很关键，我们需要增加核心技术指标的堆栈采集和聚合功能，比如获取启动阶段的耗时堆栈、大内存对象的引用链堆栈、耗电频繁的线程堆栈等，这样在问题发生后，我们就可以第一时间确认究竟是业务代码问题，还是系统问题。如何获取到关键堆栈，我们在后面介绍。

如果发现是业务代码问题，我们可以结合 git blame 命令确认变更点和修改人，从而快速找到问题原因。如果定位到的是系统代码，那就需要深入理解这部分代码的运行原理，补充更多的信息。比如 ANR 经常会定位到 java.lang.ClassLoader.loadClass，这个信息看上去和业务完全没有关系，无法定位原因。那我们就需要深入理解类加载原理，找到类加载过程的耗时点，补充对应的日志，然后进行分析。

出于性能考虑，线上采集的数据有限，我们有时候还需要通过线下复现的方式分析问题。

在线下复现时，需要尽可能地模拟线上问题现场，比如选择对应的设备型号、对应的系统版本，按照线上用户的操作路径进行操作。经常遇到的情况是用户那边有问题，但我们本地却是没有问题的，这往往是因为我们和用户的数据不同。针对这种情况，我们可以增加一个数据回捞和复现功能，如图 3-16 所示。

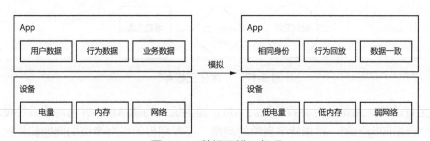

图 3-16 数据回捞和复现

数据回捞是指在开启该功能后，将 App 数据和设备数据进行加密并上报到服务器。App 数据包括用户数据、行为数据和业务数据；设备数据指可能影响系统行为的资源数据，包括电量、内存、网络等。为什么还需要设备数据呢？这是因为有些问题只在设备资源不足的情况下出现，比如手机开机很久、打开的 App 很多，会导致设备物理内存不足，这个时候我们的 App 可能会遇到被强制关闭的问题。

复现指在本地加载这些数据，尽量实现和线上相同的行为、数据和环境。要实现相同的行为和数据，需要通过自动回放模拟用户的行为，然后使本地的用户身份信息和线上用户的一致，使用的业务数据也和线上用户的一致。要实现相同的环境，需要我们提供低电量、低内存、弱网络等核心资源的模拟功能，然后根据线上用户的设备情况进行模拟。

通过这套方案，我们尽可能地接近问题现场，结合合适的性能分析工具，就可以极大地提升问题解决效率。

面对不同的问题，是否清楚该选择什么工具，决定了我们解决问题的效率，也是性能优化高手和新手的重要区别之一。第 4 章将介绍常用的性能分析工具，通过熟悉这些工具，我们可以具备更强大的"武器库"，淡定应对性能问题。

3.2.5 设计优化方案，考虑得与失

通过线上、线下手段定位到问题的原因后，下一步就是设计优化方案。

在确定原因后，我们不必急着去解决问题，而是要沉下心来，写一个优化方案文档。有的人可能会觉得困惑，为什么要这么烦琐，直接写代码、解决问题不是效率更高吗？其实不是的。就和编码前要多花时间做设计一样，做优化前先写方案，有如下好处。

• 通过写下问题的背景、现状和解决方案，可以厘清优化的来龙去脉，帮助确认方案的有效性，避免坠入细节陷阱。

• 将优化方案沉淀为文档，可以让信息同步更加容易，在改动比较大时，让其他人帮助实现或者测试的沟通成本会低很多。

知道了为什么要写优化方案后，接下来看一下优化方案该如何设计。

设计优化方案的第一步：明确这个方案解决什么问题，带来什么隐患。这一步是非常重要的，这一步的思考足够多，可以让我们避免"头痛医头，脚痛医脚"的情况，设计出更加通用、价值更高的方案。

有一个比较好的优化方案模板，我称之为"优化三板斧"，如图 3-17 所示。

图 3-17 "优化三板斧"

提供更好的库，是指针对导致问题的 API，提供统一的新 API，并向同事介绍使用新 API 的必要性；存量问题治理，是指除了当前的问题，还要把目前所有类似的问题都挖掘出来并进行治理，如果问题数量很多，则需要梳理问题优先级；增量问题控制，是指在编译和运行代码

时，提供问题代码的检测机制，在发现"旧病复发"时强制中断流程，避免"死灰复燃"。

比如遇到主线程解析复杂 JSON（JavaScript Object Notaion，JavaScript 对象简谱）数据导致的卡顿问题。"头痛医头，脚痛医脚"的解决方案是只把这个操作放到子线程执行。这只解决了个例，无法保证后面不会出现类似的问题。我们可以从整体出发，按照"优化三板斧"的思路，设计更加全面的优化方案，如下。

1. 提供更好的库：这里提供一个异步解析 JSON 数据工具类，把耗时的解析操作放到单独的线程执行。

2. 存量问题治理：全局搜索或者运行时拦截同步 JSON 解析操作，确认优先级，修改为调用异步解析。

3. 增量问题控制：在打包过程中遇到直接使用 Gson/JSONObject 等 JSON 库的情况时，打包失败并报错；运行时遇到主线程解析 JSON，强制崩溃并上报。

通过这种思路，我们可以让优化方案的价值更大，把解决个别问题的方案推广到解决通用问题。

除了收益，还需要考虑的是代价。我们需要铭记一点：任何优化都有代价！无论用空间换时间还是用时间换空间，都需要通过使用更多其他资源实现。因此在获取收益的同时，要尽量减少付出的代价。

在上面的主线程同步解析 JSON 优化方案中，我们选择在额外的一个线程执行解析操作，减少主线程的耗时，付出的代价可能有以下 3 种。

1. 本来需要同步执行的工作，变成了异步执行。在 CPU 繁忙时，可能由于调度不及时，导致任务执行延后。

2. 如果异步解析 JSON 只用一个线程，可能会有任务阻塞的情况，一个复杂的 JSON 解析执行时其他调用都需要等待。

3. 如果使用多个线程，可能会导致同一个类型的缓存无法复用，同一个类型的缓存在不同线程解析时耗时加倍，此外还有占用内存增加、抢占主线程 CPU 资源的情况。

在优化方案中，我们需要考虑清楚可能出现的问题，然后针对问题，设计对应的处理方案。如果优化方案会占用更多内存，出现内存溢出的问题，就增加一个兜底开关，在出现问题时及时关闭。如果优化方案是通过修改系统实现机制实现的，就需要增加 Android 系统版本限制，避免在高版本上由于系统变更引入新的问题。

确定了要解决的问题后，接着就是确定解决方案。

解决性能问题一般有两种思路：开源和节流。

开源是指增加更多可利用资源，增加可用空间。比如内存不足是因为使用的内存超出了系统内存的上限，那我们可以考虑通过适配 64 位架构、使用多进程、largeHeap（可分配更大内存空间）等方式，增加可用内存。比如 App 经常由于耗电过多被系统的电池优化机制限制执行，那可以考虑引导用户把 App 加入忽略电池优化名单。如果对于遇到的资源问题，没有直接的 API 可以用来提升可用上限，就需要用一些"黑科技"——通过 hook[1] 修改系统执行流程。比如阿里巴巴开源的 32 位内存不足解决方案 Patrons，就通过 hook 调整内存分配流程，释放更多虚拟内存，大幅减少了 32 位上的虚拟内存不足问题。

1　hook 指拦截系统代码的执行流程并做一些修改，在性能监控和性能优化中会经常用到 hook 技术。

　　除了开源，还可以做的是节流。节流就是减少使用资源，常见的方法有：增加资源使用监控，发现并去除不合理使用资源的代码，比如内存泄漏监控等；增加缓存机制复用已有数据，比如图片缓存、线程池、对象池、IPC（Interprocess Communication，进程间通信）结果缓存等。

　　在做优化的过程中，我们可能会发现现有监控数据的不足，通过了解细节原理，可以反过来补充更多监控细节，达到精细化监控的效果。

3.2.6　上线验证效果

　　确定优化方案并开发完成后，下一步就是上线验证效果，如图 3-18 所示。

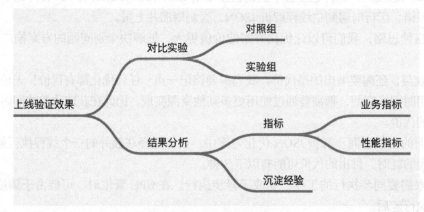

图 3-18　上线验证效果

　　为了确认效果，需要进行对比实验（ABTest），比如分两组数据，一组不使用优化，另一组使用优化，然后通过 ABTest 等系统进行配置分发。如果业务量级不够大，做实验的用户量不够，也可以直接优化上线，和上一版本做数据对比。

　　一般来说，优化上线后首先需要关注性能指标是否有提升，比如我们关心的启动时间、内存大小、流畅度等指标。除了关注的指标，还需要根据优化方案的代价，从整体视角关注其他性能指标。比如为了优化图片加载速度引入图片缓存，代价是常驻内存更多，那就要关注这个优化上线后，是否会带来内存异常问题。除了性能指标，还需要关注业务指标，在 3.1 节我们提到，性能优化的最终目的是带来用户体验和业务指标的提升。如果一个优化方案对性能指标有提升，但会给业务指标带来不良影响，那它也不是一个好的优化方案。

　　无论优化是否达到效果，最后一步需要做的都是沉淀经验。性能优化是一个研究性的工作，经常遇到研究了很久但发现方案不可取的情况。这种情况下，你沉淀的经验就是最大的收获。将来再遇到类似的问题时，其他人可以避免踩一次坑，也可以基于你的研究，进一步探索。

3.3　小结

　　说起性能优化，很多人只知道使用一些工具，缺乏系统的方法论。

本章介绍了性能优化的 5 个环节，包括指标、监控、分析、优化和实验，详细讲解了各个环节应该如何进行，为读者提供了通用的性能优化方法论。

这 5 个环节也是性能技术专家的日常工作流程。在接触一个新项目时，性能技术专家首先会对 App 的性能进行线上监控、线下测评；接着建立基准指标和劣化防控机制，减少新增性能问题；然后对存量问题提供分析工具和优化方案；最后与大家分享优化经验及其价值，以提升团队的性能意识。

希望本章的内容，能让你对成为性能技术专家有初步的方向。只有先像专家一样思考和行动，才能真正成为专家。

思考题

以下是性能优化的不同境界。

1. 不清楚技术优化的业务价值，没有优先级和侧重点，凭感觉决定做什么。

2. 知道当前的优化重点，但不知道怎么做。

3. 知道怎么优化，但在进行时"头痛医头，脚痛医脚"，没有提出通用优化方案。

4. 能从整体视角思考，抽象问题，提出通用方案，但无法避免问题再次发生。

5. 能够建立劣化防控机制，保证同样的问题不会再出现，但这个机制的原理只有自己清楚，没有分享给更多人。

6. 能够总结方法、沉淀经验，将方案和原理推广到更多业务，带来更高的价值。

你属于哪个境界？读完本章，对于如何达到下一境界，你是否知道该怎么做？

第4章 性能测试

4.1 性能测试的 4 个环节

在第 3 章我们了解了性能优化的概念和方法，本章我们来了解性能测试。

性能测试既是一个岗位，也是性能优化的关键环节。

在规模较大的公司中，一般会有专门的性能测试工程师，他们负责对整个系统进行常规性的性能测试、分析，给出性能报告，以发现系统的性能瓶颈，并指导开发工作。由于性能测试的技术要求较高，符合要求的测试开发者很稀缺，这个工作也常常会由开发者负责。

在性能优化的分析环节，我们常常需要通过本地性能测试来分析问题。因此，不论是测试者还是开发者，掌握性能测试的方法和工具都很有必要。

如图 4-1 所示，性能测试需要做好这 4 个环节的工作：指标、用例、测试和报告。

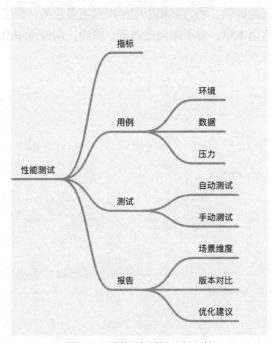

图 4-1 性能测试的 4 个环节

指标用于指导方向。和性能优化不同，性能测试更关注性能指标，比如系统的响应速度、资源使用情况等。我们在进行性能测试时，要根据当前项目的核心性能指标，分优先级进行。

如果不清楚核心性能指标有哪些，可以找项目的性能优化负责人确认。

用例用于固定测试方法，便于后期进行对比测试。性能测试的用例需要指明测试环境。具体到移动端性能测试，需要指明测试设备型号、系统版本号、App 版本号、测试前设备内存情况、CPU/GPU 繁忙程度、设备温度等；后面在进行不同版本的 App 测试时，要保证环境一致才能得出结论。另外，在进行业务场景测试时，还要记录测试账号的身份、操作路径和业务数据接口版本。后面做对比测试时，数据一致也很重要。除了常规测试，有时候还需要进行压力测试，这种测试下的系统负载格外重要，一般会设计系统负载很低、系统负载中等、系统负载接近 90% 等档次的用例。

测试环节最为复杂，包括自动测试和手动测试。自动测试指通过脚本、ADB、monkey 或其他工具，根据固定的用例自动执行。这种测试方式可以解放双手，可以用于日常版本的常规测试和发版前的准入准出测试，价值很大。但其对应的技术要求也很高，需要测试者对操作模拟、事件响应、遍历算法等有比较多的了解。手动测试是指通过使用工具手动完成测试，这种方式要求测试者具备强大的工具库，使用工具足够熟练，可以快速、高效地完成测试任务，甚至可以创造测试工具。

在测试完成后，最后一步就是产出报告。报告需要从整体出发，给出系统的整体性能情况。具体到移动端性能测试，需要给出 App 的整体性能情况，包括各个版本的平均启动速度、平均帧率、平均内存使用量、平均 CPU/GPU 使用度、包大小等。除了整体数据，还需要从场景维度，给出各个核心业务的性能指标，比如首页的加载速度的平均值和峰值、内存使用量的平均值和峰值等。之所以要关注峰值，是因为峰值情况很可能会导致 App 不可用；在用户规模较大的业务上，峰值带来的问题不可小觑。通过明确不同版本 App 的指标差异，我们可以得出明确的结论，即当前这个版本的 App 究竟是否存在性能问题，从而给开发者对应的优化建议。性能测试报告最重要的是产出结论、给出判断，如果只有数据，没有结论，便没有了意义。

在性能测试的 4 个环节中，最复杂也最有挑战的就是测试环节。测试者需要掌握不同系统的性能测试工具，知道不同指标的测试方法。接下来我们来了解 Android 的常见性能指标如何测试。

4.2 性能测试实践

Android 的 Performance Profiling Tools（性能分析工具）部门为 Android 开发者提供了大量的性能测试工具，再加上 Linux 本身提供的众多调试命令，简直让开发者眼花缭乱。本节我们从指标的角度出发，讲解不同指标的性能测试方法。

4.2.1 测试 CPU

在做启动、卡顿和功耗测试时，我们需要获取 CPU 的相关指标，主要包括 CPU 的核数、频率和使用率，需通过以下节点获取它们，其中 P 指 CPU 序号，＄{ pid } 指进程 ID。

- CPU 核数：/sys/devices/system/cpu/possible。
- CPU 最大频率：/sys/devices/system/cpu/cpu'+ p + '/cpufreq/cpuinfo_max_freq。
- CPU 当前频率：/sys/devices/system/cpu/cpu' + p + '/cpufreq/scaling_cur_freq。
- 整机 CPU 使用时间：/proc/stat。
- App CPU 使用时间：/proc/${pid}/stat。

备注：为方便表述，本书中介绍命令时会省略通用的前缀"adb shell"，读者在执行命令时若提示不存在，请在命令前增加"adb shell"。

获取 CPU 核数、最大频率和当前频率的命令及返回值如下所示。

```
% adb shell cat /sys/devices/system/cpu/possible
0-7
% adb shell cat /sys/devices/system/cpu/cpu3/cpufreq/cpuinfo_max_freq
1804800
% adb shell cat /sys/devices/system/cpu/cpu3/cpufreq/scaling_cur_freq
1804800
```

获取整机 CPU 使用时间可以通过 adb shell cat /proc/stat 实现，返回值比较复杂，我们来看如下命令。

```
% adb shell cat /proc/stat
      user      nice     system   idle       iowait irq      softirq
cpu   10494329  1151604  8427862  36087332   15522  1886399  684268   0 0 0
cpu0  2449882   202324   2057900  36028994   15502  666734   253377   0 0 0
cpu1  1699062   226818   1834831  7761       3      385836   136155   0 0 0
cpu2  1660339   220467   1840279  7945       7      391500   139844   0 0 0
cpu3  1643797   219363   1861487  7904       5      389621   139214   0 0 0
cpu4  618689    62162    205337   8674       0      14650    3892     0 0 0
cpu5  625285    87700    233381   8623       0      14699    4309     0 0 0
cpu6  570829    101617   240256   8573       1      13646    4260     0 0 0
cpu7  1226442   31148    154388   8855       0      9710     3212     0 0 0
```

/proc/stat 返回的内容的每行由 8 列数据组成，我们主要关心每行的前 7 列数据，它们的含义如下。

- user：用户态时间。
- nice：通过 nice 命令修改优先级后的进程的用户态时间。
- system：内核态时间。
- idle：空闲时间。
- iowait：等待 I/O（Input/Output，输入 / 输出）完成的时间。
- irq：硬件中断的时间。
- softirq：软中断的时间。

通过累加以上 7 个数据，我们就能得到整机 CPU 的使用时间。需要注意的是，这里的数据的单位是 jiffies（表示时钟中断次数，一般等于 1/100s）。

获取 App CPU 使用时间可以通过执行 adb shell cat /proc/${pid}/stat 实现。

```
% adb shell pidof top.shixinzhang.performance
27846
% adb shell cat /proc/27846/stat
27739 (ang.performance) S 317 317 0 0 -1 1077936448 22177 0 38 0 67 59 0 0
10 -10 25 0 3657979 15272574976 35734 18446744073709551615 1 1 0 0 0 0 4612 1
1073775864 0 0 0 17 0 0 0 0 0 0 0 0 0 0 0 0 0
```

返回的内容比较多，我们主要关注 14～17 部分，它们分别代表 utime（进程的用户态时间）、stime（进程的内核态时间）、cutime（子进程的用户态时间）、cstime（子进程的内核态时间），把它们加起来就可以得到当前 App 总 CPU 使用时间。

通过获取一定时间间隔（比如 3s）前后的两次值，我们可以得出整机和 App 的 CPU 使用时间，用 App 的 CPU 使用时间除以设备 CPU 使用时间，就可以得到 App 的 CPU 使用率。

4.2.2 测试 GPU

在做启动、卡顿和功耗测试时，除了 CPU 指标，还需要获取 GPU 的相关指标，主要包括 GPU 的使用率和频率，它们的获取方式如下。

• 获取 GPU 类型的命令如下。

```
adb shell dumpsys SurfaceFlinger | grep GLES
```

• 获取高通 GPU 的使用率及频率的命令如下。

```
adb shell cat /sys/class/kgsl/kgsl-3d0/gpubusy;cat /sys/class/kgsl/kgsl-3d0/
gpuclk
```

• 获取联发科 GPU 的使用率及频率的命令如下。

```
adb shell cat /sys/kernel/debug/ged/hal/gpu_utilization;cat /sys/kernel/debug/
ged/hal/current_freqency
```

• 获取联发科旧版本 GPU 的使用率及频率的命令如下。

```
adb shell cat /sys/kernel/gpu/gpu_busy;cat /sys/kernel/gpu/gpu_freq_table
```

部分操作系统版本较新的手机上禁止了获取 GPU 使用率的权限，我们可以使用 ROOT 获取超级权限或者使用 Android 7.0 以下版本的设备进行测试。

4.2.3 测试 FPS

在做卡顿测试时，我们需要获取 App 的帧率和掉帧数等数据。
• FPS frames：表示帧率，在数据获取时间周期内，用实际绘制帧数除以数据获取间隔时间可得。
• Skipped frames: 表示掉帧数，在数据获取时间周期内的实际掉帧数量。

- Janky frames：表示掉帧率，在数据获取时间周期内，用实际掉帧数量除以实际绘制帧数可得。

我们可以通过以下几种方式计算出数据。

- 获取窗口列表：dumpsys SurfaceFlinger --list | grep ${packageName}。
- 获取最新帧上屏时间：dumpsys SurfaceFlinger --latency ${window_name}。
- 获取每一帧从收到垂直同步信号到这帧绘制完成的时间：dumpsys gfxinfo ${packagename} framestats。

由于测试帧率时需要区分不同的窗口（window），所以我们需要先使用 adb shell dumpsys SurfaceFlinger --list | grep ${packageName} 获取当前 App 有多少 window。

```
% adb shell dumpsys SurfaceFlinger --list | grep top.shixinzhang.performance

AppWindowToken{d68be38 token=Token{3e01a9b ActivityRecord{516eaa u0 top.
shixinzhang.performance/.MainActivity t36870}}}#0
56d912e top.shixinzhang.performance/top.shixinzhang.performance.MainActivity#0
top.shixinzhang.performance/top.shixinzhang.performance.MainActivity#0
```

然后通过 adb shell dumpsys SurfaceFlinger --latency ${window_name} 获取指定 window 的帧率。

```
% adb shell dumpsys SurfaceFlinger --latency top.shixinzhang.performance/top.
shixinzhang.performance.MainActivity#0

16666666
9223372036854775807    312819045536865    9223372036854775807
9223372036854775807    312819062254157    9223372036854775807
9223372036854775807    312819078902855    9223372036854775807
9223372036854775807    312819095588011    9223372036854775807
9223372036854775807    312819112267542    9223372036854775807
9223372036854775807    312819128954573    9223372036854775807
9223372036854775807    312819145637438    9223372036854775807
9223372036854775807    312823282379051    9223372036854775807
9223372036854775807    312823299048739    9223372036854775807
//...
```

输出数据中第一行的 16666666 表示 VSync 信号间隔；其下的数据每一行表示一帧，每行的第二个数表示 present fence time，即该帧显示到屏幕上的时间，通过计算相邻两行的第二个数的差值，我们就能得到每一帧的耗时。

使用 dumpsys SurfaceFlinger 计算帧耗时的好处是操作比较简单；缺点是该命令在页面静止时会返回 0，需要我们手动处理。除了使用 dumpsys SurfaceFlinger，我们还可以使用 dumpsys gfxinfo ${packagename} framestats 获取卡顿等信息，这个命令返回的信息非常多，包括如下 4 个部分。

1. 卡顿统计数据。
2. 内存占用信息。

3. 绘制一帧各个阶段的时间。

4. 布局层级和总布局数。

```
% adb shell dumpsys gfxinfo top.shixinzhang.performance framestats
Applications Graphics Acceleration Info:
Uptime: 314910311 Realtime: 706597957

//1.卡顿统计数据
** Graphics info for pid 5798 [top.shixinzhang.performance] **
Stats since: 314905482645809ns
Total frames rendered: 3
Janky frames: 2 (66.67%)                    // 掉帧率
50th percentile: 117ms
90th percentile: 200ms
95th percentile: 200ms
99th percentile: 200ms
Number Missed Vsync: 1
Number High input latency: 1
Number Slow UI thread: 2
Number Slow bitmap uploads: 0
Number Slow issue draw commands: 1
Number Frame deadline missed: 2
```

卡顿统计数据部分给出掉帧率（Janky frames）、50 分位和 90 分位的帧耗时（50th percentile、90th percentile）、主线程卡顿导致的 Vsync 错过次数（Number Missed Vsync）、输入处理缓慢次数（Number High input latency）、主线程卡顿次数（Number Slow UI thread）等数据，可以用来判断当前是否存在卡顿。

```
//2.绘制相关占用的内存
Font Cache (CPU):
  Size: 27.78 kB
  Glyph Count: 6
CPU Caches:
GPU Caches:
  Other:
    Other: 7.55 KB (1 entry)
    Buffer Object: 2.05 KB (2 entries)
  Scratch:
    Texture: 4.00 MB (1 entry)
    Buffer Object: 48.00 KB (1 entry)
Other Caches:
                        Current / Maximum
  VectorDrawableAtlas   0.00 KB /   0.00 KB (entries = 0)
  Layers Total          0.00 KB (numLayers = 0)
Total GPU memory usage:
  4253284 bytes, 4.06 MB (2.05 KB is purgeable)
```

绘制相关占用的内存部分给出字体缓存数（Font Cache）和占用内存大小 (size)、GPU 内存使用数 (Glyph) 等，可以用来分析绘制内容是否过于复杂。

```
//3.绘制一帧各个阶段的时间图
---PROFILEDATA---
Flags,IntendedVsync,Vsync,OldestInputEvent,NewestInputEvent,HandleInputStart,An
imationStart,PerformTraversalsStart,DrawStart,SyncQueued,SyncStart,IssueDrawCommands
Start,SwapBuffers,FrameCompleted,DequeueBufferDuration,QueueBufferDuration,
    1,314909022233203,314909022233203,9223372036854775807,0,314909022321276,3149090
22439558,314909022445130,314909104343724,314909126335078,314909126720964,31490912681
9193,314909137278464,314909139476901,98000,1664000,
    0,314909028454706,314909211788032,9223372036854775807,0,314909226637214,3149092
26690703,314909226937370,314909228581432,314909229019974,314909229241432,31490922929
9870,314909230490130,314909230824870,95000,139000,
---PROFILEDATA---
```

绘制各个阶段的时间部分给出 Vsync 信号发出、输入事件处理、绘制、同步等每帧渲染的详细耗时，可以用来分析每帧的耗时原因。

```
//4.布局层级和总布局数
View hierarchy:

top.shixinzhang.performance/top.shixinzhang.performance.MainActivity/android.
view.ViewRootImpl@db2ee47
  19 views, 25.99 kB of display lists

Total ViewRootImpl: 1
Total Views:        19
Total DisplayList:  25.99 kB
```

布局层级和总布局数部分给出当前 App 的所有 window 列表、ViewRootImpl 数、Views 数和 DisplayList 的大小，可以用来分析层级是否过多。

4.2.4 测试文件读写情况

在做启动和卡顿测试时，我们还需要关注文件读写情况，判断使用期间的文件操作频率和总量。要获取进程的文件读写使用数据，我们可以使用 adb shell cat /proc/${pid}/io 。

```
adb shell cat /proc/28417/io
rchar: 12087558    // 读取的字节数
wchar: 279801      // 写入的字节数
syscr: 13324       // 通过系统调用读取的字节数
syscw: 829         // 通过系统调用写入的字节数
read_bytes: 0
write_bytes: 0
cancelled_write_bytes: 0
```

通过这个命令我们可以获取到当前总的读写字节数。通过计算一定时间间隔（比如 3s）内的读写字节数差值，即可得到这段时间读写字节数的增量。

4.3　小结

性能测试作为性能优化的重要环节，值得开发工程师和测试工程师重点学习。

本章介绍了性能测试的 4 个环节，包括指标、用例、测试和报告，然后详细介绍了 Android 常用指标的性能测试方法。

除了本章提到的性能测试工具，还有一些可选工具，比如 Hierarchy Viewer（查看视图层级）、top（查看进程占用情况）、uptime（查看 CPU 负载）、vmstat（查看虚拟内存）等，读者有兴趣可以自行搜索学习。

思考题

你常用的性能测试工具有哪些？当要测试某个指标（比如 CPU 使用时间是否过长）时，你是否清楚该选择哪个工具？

第3篇 专项优化

经过学习前面的章节，我们了解了 Android 性能优化的基本概念、方法和常用工具，也了解了一些在性能优化过程中需要用到的基础知识。接下来我们将通过第 5 章 ~ 第 7 章讲解内存、流畅度和启动的监控和优化方法，通过一些典型案例，将前面介绍的通用知识和工具学以致用。

第5章 内存优化

5.1 为什么要做内存优化

内存作为 App 运行必需的资源，对用户体验的影响非常明显。那些讲究大而全、快速迭代以累加功能的 App，常常会因为内存使用不当出现严重问题，导致用户流失。

按照影响程度从大到小，内存使用不当会导致的问题如下。

- App 崩溃（虚拟内存不足）。
- 应用后台存活时间短，被系统强制"杀掉"（物理内存不足）。
- 应用启动变慢、流畅性变差、耗电更快（频繁垃圾回收）。

5.1.1 虚拟内存不足导致 App 崩溃

"虚拟内存不足"是指 App 使用的虚拟内存超出了当前可以使用的虚拟内存上限。

那 App 能使用的虚拟内存上限是多少呢？针对采用不同 CPU 架构的设备及 App，答案是不一样的。

- 32 位设备上的所有 App，整体虚拟内存上限是 4GB，系统内核内存占用 1GB，因此留给 App 的可用虚拟内存只有 3GB。
- 64 位设备上的 32 位 App，可用虚拟内存有 4GB。
- 64 位设备上的 64 位 App，理论上的可用虚拟内存有 256TB（2^{48}B）。

在虚拟内存无法满足 App 的内存需求时，系统会主动抛出异常，在用户看来，就是 App 崩溃了。

常见的 OOM 异常类型如下。

- Java OOM。
- Native OOM。
- Graphics OOM。

接下来我们来了解这几种 OOM 的具体含义。

◆ Java OOM

Java OOM 指的是 App 使用的 Java 内存超出了 App 可以使用的 Java Heap 上限，这个上限小于前面提到的虚拟内存的上限。

常见的 Java OOM 报错信息如下所示。

```
java.lang.OutOfMemoryError : Failed to allocate a 516252 byte allocation with
50816 free bytes and 49KB until OOM
```

这个报错信息的含义：在发生 OOM 前，App 想要分配 516252 字节（约 504 KB）内存，由于内存不足，系统先尝试做了一次 GC（Garbage Collection，垃圾回收），但只释放了 50816 字节（约 49KB），实在没有更多内存可供使用，只好抛出 java.lang.OutOfMemoryError。

再看另外一种不同的 Java OOM 异常。

```
java.lang.OutOfMemoryError: pthread_create (1040KB stack) failed: Try again
```

这个报错信息的含义：在创建一个线程时，需要分配 1040KB 内存，但是现在可用内存不足，创建失败，抛出 java.lang.OutOfMemoryError。

可以看到，发生 Java OOM 时，抛出的异常类型是 java.lang.OutOfMemoryError。

要分析 Java OOM，可以使用 HPROF 或者 JVMTI。目前市面上的主流内存分析工具基本都是基于这两者实现的，比如 MAT、LeakCanary、Android Studio Memory Profiler 等。在第 5 章，我们将会跨过框架，直击底层进行 Java 内存问题分析。

◆ **Native OOM**

Native OOM 是指 C/C++ 代码使用的内存过多，导致 App 无法再分配内存。

一种典型的 Native OOM 异常如下。

```
Signal 6 (SIGABRT), code -1 (SI_QUEUE), fault addr ---
abort message: 'App vss abnormal VmSize: 4008912 kB'
```

备注：VSS（Virtual Set Size，虚拟耗用内存），包含共享库占用的内存。

这个报错信息的含义：App 使用了 4008912KB（约 3.82GB）虚拟内存，在 32 位设备上，这个使用量已经基本达到上限，因此在下一次分配内存时，发生异常。

可以看到，和 Java OOM 不同，发生 Native OOM 时，异常信息会更复杂一些，包含信号 (SIGABRT)、fault addr（错误地址）、主动抛出的异常消息（abort message）等。在不同的场景下，abort message 可能会略有区别，但基本上都会携带 out of memory、abnormal VmSize、mmap failed 等关键字。

相对分析 Java OOM，分析 Native OOM 要复杂一些，需要通过 maps/hook 等方式，获取到崩溃时 App 的具体内存使用情况进行分析。

◆ **Graphics OOM**

Graphics OOM 主要是指在通过 OpenGL 渲染图形（比如直播、拍摄、图像处理等场景）时，分配内存失败而抛出的异常。

典型的 Graphics OOM 异常：

```
Signal 6(SIGABRT), Code -6(SI_TKILL)
abort message: GL error: Out of memory!
Signal 6(SIGABRT), Code -6(SI_TKILL)
abort message: 'glTexImage2D error! GL_OUT_OF_MEMORY (0x505)'
```

报错信息看起来和 Native OOM 异常的比较相似，主要通过观察 abort message 中是否包含 GL 关键字进行区分。

5.1.2 物理内存不足导致 App 后台存活时间短

内存使用不合理，除了导致应用崩溃，还会导致另外一个没那么"显眼"但同样对业务影响很大的问题：应用后台存活时间短，被系统强制"杀掉"。

在设备的物理内存不足时，系统会先尝试通过 GC、通知 App 清理等多种手段"挤"一些内存出来。如果还是不够，就会触发"大名鼎鼎"的 Low Memory Killer（LMK）机制。

LMK 机制会根据进程的运行状态，动态调整进程的 oom_adj（Out Of Memory Adjustment，内存不足调整参数），oom_adj 越低表示进程优先级越高，越不容易被杀死。

在设备物理内存不足时，会根据通过 oom_adj 计算出的 oom_score_adj 和 App 占用内存，按照从高到低的顺序"杀掉"App。因此我们的 App 当使用比较多内存时，退到后台后很容易被列入"先杀名单"。

首先看一下 LMK 选择该"杀掉"哪个进程的核心方法 find_and_kill_process，如图 5-1 所示。

图 5-1 LMK 强制关闭进程的核心方法

如图 5-1 所示，LMK 会根据当前内存吃紧程度，确认要"杀掉"的 oom_score_adj 最低的进程：从 OOM_SCORE_ADJ_MAX（1000）进行递减，找到 oom_score_adj 最匹配且内存占用最大的进程，"杀掉"它。

也就是说，在内存不足没那么严重的时候，先弃卒保车；如果内存实在不够，连"车"也得弃掉，只保留最重要的进程。

我们可以通过 adb shell cat /proc/{pid}/oom_score_adj 查看进程的分数。

```
127|HWAGS2:/ $ cat /proc/19892/oom_score_adj
-1000   // 最小值，表示优先级最高
HWAGS2:/ $ cat /proc/19892/oom_adj
-17
```

当 App 被强制"杀掉"时，我们可以从 Logcat 看到相关日志：

```
ActivityManager: Force Stopping top.shixinzhang.example appid=10251 user=-1
ActivityManager: Killing 3281:top.shixinzhang.example (adj 900):stop top.
shixinzhang.example
```

在上面的日志中，我们可以看到，该 App 被"杀掉"时的 oom_score_adj 为 900，优先级很低（分数越高优先级越低），因此被系统率先强制关闭。

5.1.3   GC 对应用启动、流畅性的影响

除了稳定性问题，内存不足还会导致应用启动、流畅性和功耗问题，罪魁祸首就是 GC 机制。

在为 App 分配内存时，如果申请的内存超过一定数值，系统会先尝试进行 GC（kGcCauseForAlloc），如果 GC 后内存还是不够，就会增加 Java heap 大小，申请额外空间然后分配内存。分配完成后，还会判断是否需要执行后台 GC（kGcCauseBackground）。

在执行后台 GC 时，我们可以从 Logcat 看到相关日志如下。

```
Background concurrent copying GC freed 148318(7207KB) AllocSpace objects, 0(0B)
LOS objects, 49% free, 24MB/48MB, paused 664us total 199.730ms
```

尽管 Android Runtime 虚拟机相比 Dalvik 虚拟机在 GC 方面有了不少优化，但频繁的 GC 还是会对 App 造成不少影响。主要原因如下。

1. GC 的类型有多种，有些类型的 GC 会阻塞线程执行，这无疑会影响线程执行速度。

2. 异步执行 GC 的线程（线程名为 HeapTaskDaemon）常常会占用大量 CPU 时间片或抢占大核，导致主线程无法被及时调度（CPU 时间片变少、线程状态频繁切换、从大核切换到小核），从而影响应用启动速度、页面流畅性。

3. 部分版本的 GC 采用复制算法，会将数据复制到另外一块内存，导致 CPU 缓存失效，代码执行效率降低。

4. GC 过程中会获取一些锁，导致主线程锁等待。

下面是从 Atrace 看到的被 GC 阻塞的日志。

```
20277,955343210876,B|20277|Lock contention on GC barrier lock (owner tid: 0)
```

上述日志中，主线程和 GC 线程有锁竞争，处于阻塞状态。

图 5-2 所示是异步执行 GC 线程和主线程的 CPU 使用时间情况。

图 5-2　异步执行 GC 线程和主线程的 CPU 使用时间

可以看到，由于内存不足，频繁执行 GC，HeapTaskDaemon 线程的 CPU 使用时间比主线程的还高。

线上数据也证实，内存使用越高，App 进程的 CPU 使用率也会越高，从而导致功耗变高。

5.1.4　小结

本节我们介绍了内存不足可能导致的问题，除了会导致 App 崩溃，对 App 后台存活时间也有很大影响，同时会影响应用启动、流畅性等指标。产生这些问题的原因有以下 3 个。

1. 应用崩溃的主要原因是虚拟内存不足，一般分为 Java OOM、Native OOM、Graphics OOM。

2. 应用后台存活时间短的主要原因是 App 退到后台后优先级会变低，LMK 机制在"杀掉"进程时，会先拿内存占用高的下手。

3. 内存使用不当会导致频繁执行 GC，抢占主线程 CPU，导致缓存失效，从而导致应用启动、流畅性、功耗等指标变差。

可以看到，内存使用情况对 App 的性能和稳定性来说非常关键，我们有必要对 App 的内存使用情况做好监控，主动发现相关问题并进行优化，为业务高质量发展保驾护航。

5.2　线上内存监控

接下来就崩溃、后台存活时间短、卡顿这 3 个问题，讲述线上内存监控方案。

5.2.1　内存不足导致的崩溃如何监控

要判断 App 是否存在内存不足导致的崩溃问题，需要获取图 5-3 所示的数据。

图 5-3　监控内存不足导致的崩溃所需数据

◆ OOM 次数

首先我们来了解如何监控 App 的内存不足导致的崩溃的次数。

在 Android App 上，由于 Java 堆内存不足导致崩溃时，会抛出 java.lang.OutOfMemoryError。因此，在崩溃发生时，如果崩溃类型为 OutOfMemoryError，我们就可以认为发生了内存不足并上报，这样通过崩溃数据，我们就可以获取到各个版本的 OOM 数据。

我们可以通过自定义的 Thread.UncaughtExceptionHandler 完成上述工作。

```
//1.自定义崩溃处理器
public class JavaCrashHandler implements Thread.UncaughtExceptionHandler {
    @Override    public void uncaughtException(@NonNull Thread t, @NonNull
Throwable e) {
        //2.判断崩溃类型
        if (e instanceof OutOfMemoryError) {
            // 发生了 OutOfMemory        //3.记录当前内存使用数据并上报        }
    }
}


//4.为线程注册崩溃处理器
Thread.currentThread().setUncaughtExceptionHandler(new JavaCrashHandler());
```

显示的代码主要分为以下 4 个步骤。

1. 自定义崩溃处理器，实现 Thread.UncaughtExceptionHandler 定义的方法。

2. 在崩溃发生时，会执行其中的 uncaughtException 方法，并且传递崩溃线程和崩溃类型，我们可以通过崩溃类型判断崩溃是否为内存不足导致的。

3. 记录当前内存使用数据并上报。

4. 为线程注册崩溃处理器。

现在我们可以获取到 App 的崩溃数据，接下来还需要上报应用的内存使用情况。

◆内存使用情况

Android 应用的内存使用类型可以细分为 Java、Native、Graphics，因此我们的内存监控需要上报这些类型的内存的使用情况。

我们可以通过 Android SDK 中的 Runtime 和 Debug 等 API 获取 App 的 Java 内存使用情况。

通过 Runtime 我们可以获取 App 的 Java 内存的上限和当前已使用的内存。使用方式如下。

```
/** * 通过 Runtime 获取 Java 内存使用情况 */
private static void getByRuntime() {
    //dalvik 堆最大可用内存
    long maxMemory = Runtime.getRuntime().maxMemory();
    long freeMemory = Runtime.getRuntime().freeMemory();
    long totalMemory = Runtime.getRuntime().totalMemory();

    // 已使用的内存
    double memoryUsedPercent = (totalMemory - freeMemory) * 1.0f / maxMemory * 100;
```

```
Log.w(TAG, "memoryUsedPercent: " + memoryUsedPercent + " %");
Log.d(TAG, "maxMemory: " + formatMB(maxMemory)+ " ,
        totalMemory: " + formatMB(totalMemory)+ " ,
        used: " + formatMB(totalMemory - freeMemory));
}
```

备注：在 AndroidManifest.xml 文件中设置 android:largeHeap="true" 后，最大可用内存为 512MB。

通过 Debug.MemoryInfo#getMemoryStats()，我们可以获取到 Java、Native、Graphics 等类型的物理内存使用情况，它返回的是一个 Map，保存了这些类型的数据。

```
// android.os.Debug.MemoryInfo 的 getMemoryStats 方法
public Map<String, String> getMemoryStats() {
    Map<String, String> stats = new HashMap<String, String>();
    //Java 堆内存实际映射的物理内存
    stats.put("summary.java-heap", Integer.toString(getSummaryJavaHeap()));
    //Native 堆内存实际映射的物理内存
    stats.put("summary.native-heap", Integer.toString(getSummaryNativeHeap()));
    //.dex 文件 .so 文件 .art 文件 .ttf 文件等映射的物理内存
    stats.put("summary.code", Integer.toString(getSummaryCode()));
    // 运行时栈空间映射的物理内存
    stats.put("summary.stack", Integer.toString(getSummaryStack()));
    //Graphics 相关映射的物理内存
    stats.put("summary.graphics", Integer.toString(getSummaryGraphics()));
    //...
    return stats;
}
```

使用方式如下。

```
Debug.MemoryInfo memoryInfo = new Debug.MemoryInfo();
Debug.getMemoryInfo(memoryInfo);
Map<String, String> memoryStats = memoryInfo.getMemoryStats();
Set<Map.Entry<String, String>> entries = memoryStats.entrySet();
                    for (Map.Entry<String, String> entry : entries) {
    Log.d(TAG, "getByDebugMemoryInfo: " + entry.getKey() + " : " + entry.getValue());
}
```

通过这些数据与场景的结合，我们就可以得出 App 内各个页面的内存使用情况，从而可以在 App 发生内存不足导致的崩溃后进行分析。

通过分析可以知道从什么模块开始，内存被大量使用；在哪个模块，内存被完全耗尽。也可以知道具体是什么类型的内存不足，方便后续进一步分析。

好的，到这里我们就完成了 OOM 相关的数据监控。下面我们来了解如何建立 App 后台存活相关的数据监控。

5.2.2 后台被强制"杀掉"的问题如何监控

你是否遇到过，将 Android App 退到后台后不久就被系统强制退出？这一般发生在设备可用物理内存不足的时候。在这种情况下，一旦 App 的进程优先级不高且内存使用过多，应用很容易就会被"杀掉"。

要判断 App 是否有在后台被强制"杀掉"的问题，需要获取图 5-4 所示的数据。

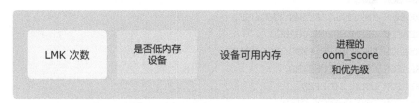

图 5-4 监控应用在后台被强制"杀掉"所需数据

备注：LMK 在这里指 App 被 LMK 强制"杀掉"。

◆ **LMK 次数**

从 Android 11 开始，Android 系统为我们提供了可以直接获取 App 上次退出的信息的 API（ActivityManager.getHistoricalProcessExitReasons），通过它我们可以获取到 App 退出的原因、当时进程的优先级和物理内存等信息。如果 App 被 LMK 强制"杀掉"，下次启动应用时就能查询到被强制"杀掉"的信息。

获取方式：

```
@RequiresApi(api = Build.VERSION_CODES.R)
                   private static void getApplicationExitInfo() {
    if (sContext == null) {
        return;
    }

    String packageName = sContext.getPackageName();
    ActivityManager activityManager = (ActivityManager)sContext.
                   getSystemService(Context.ACTIVITY_SERVICE);
    List<ApplicationExitInfo> historicalProcessExitReasons = activityManager.
                   getHistoricalProcessExitReasons(packageName, 0, 0);
    for (ApplicationExitInfo info : historicalProcessExitReasons) {
        int importance = info.getImportance();
        int reason = info.getReason();
        String processName = info.getProcessName();

        Log.d(TAG, "ApplicationExitInfo: processName: " + processName + " ,
            reason: " + reason + " , importance: " + importance);
    }
}
```

当进程因为下面这些原因退出时可以查询到记录：

```
@IntDef(prefix = { "REASON_" }, value = {
    REASON_UNKNOWN,
    REASON_EXIT_SELF,
    REASON_SIGNALED,
    REASON_LOW_MEMORY,
    REASON_CRASH,
    REASON_CRASH_NATIVE,
    REASON_ANR,
    REASON_INITIALIZATION_FAILURE,
    REASON_PERMISSION_CHANGE,
    REASON_EXCESSIVE_RESOURCE_USAGE,
    REASON_USER_REQUESTED,
    REASON_USER_STOPPED,
    REASON_DEPENDENCY_DIED,
    REASON_OTHER,
})
@Retention(RetentionPolicy.SOURCE)
public @interface Reason {}
```

当进程被 LMK 强制“杀掉”后，进程的退出原因是 REASON_LOW_MEMORY。因此每次启动 App 后查询退出记录，我们就能获取到 App 不同版本的 LMK 次数。

另外，App 被 LMK 强制“杀掉”时，也会有对应的 Logcat 日志：

```
ActivityManager: Killing 3281:top.shixinzhang.example (adj 900):stop top.
shixinzhang.example
```

因此在系统低于 Android 11 的手机上，我们可以通过 Logcat 日志数据判断 App 是否被强制“杀掉”。具体方式：在崩溃时上报最近的 Logcat 日志数据，分析其中是否有 Killing {pid}:{package Name} (adj ×××) 等关键字，如果有则证明 App 被强制“杀掉”了。

◆是否为低物理内存设备

ActivityManager 为我们提供了查询当前设备是否为低物理内存设备的 API：

```
boolean lowRamDevice = activityManager.isLowRamDevice();
```

当设备物理内存小于等于 1GB 时这个 API 返回 true。

有时候我们需要更灵活的判断标准，那就需要获取到设备的物理内存总数及剩余可用内存。我们可以通过 ActivityManager.getMemoryInfo 查询设备的物理内存总数及剩余可用内存：

```
ActivityManager activityManager = (ActivityManager) sContext.
                            getSystemService(Context.ACTIVITY_SERVICE);
ActivityManager.MemoryInfo memoryInfo = new ActivityManager.MemoryInfo();
                    activityManager.getMemoryInfo(memoryInfo);
printSection("手机操作系统的物理内存是否够用 (ActivityManager.getMemoryInfo): ");
Log.d(TAG, "RAM size of the device: " + formatMB(memoryInfo.totalMem)+ " ,
    availMem: " +formatMB(memoryInfo.availMem)+ ",
    lowMemory:" + memoryInfo.lowMemory + " ,
    threshold: " + formatMB(memoryInfo.threshold));
```

返回值的含义如表 5-1 所示。

表 5-1　ActivityManager.getMemoryInfo 返回值的含义

返 回 值	含 义
totalMem	整体运行内存上限
availMem	剩余可用物理内存
lowMemory	可用内存是否处于很少的状态
threshold	lowMemory 的阈值，一般为 256MB

我们在发现某个版本 App 的 LMK 指标劣化后，可以结合上面的这 4 个数据，调整下一个版本 App 的内存使用策略，从而减少触发 LMK 的概率。

◆ **进程的 oom_score 和优先级**

影响 App 的后台存活时间的因素除了设备环境，还有 App 本身的状态，包括 oom_score 和优先级。在 LMK 指标有变化时，我们可以通过它们进一步分析是不是因为某个业务需求影响了 App 整体的优先级。

首先来了解如何获取 App 的 oom_score。

什么是 oom_score 呢？可以理解为 LMK 机制对不同进程的评分，根据应用的优先级动态调整。

LMK 在执行进程清理时会根据这个分数决定先清理谁：oom_score 越大，进程越容易被杀。

我们可以通过读取 /proc/{pid}/oom_score_adj 来获取 App 的 oom_score。App 的 oom_score_adj 范围为 [-1000, 1000]。

```
try {
    String scoreAdjPath = String.format(Locale.CHINA, "/proc/%d/oom_score_adj",
                        Process.myPid());
    String adjPath = String.format(Locale.CHINA, "/proc/%d/oom_adj",
                    Process. myPid());
    String content = FileUtils.file2String(scoreAdjPath);
    Log.d(TAG, "oom_score_adj path: " + scoreAdjPath + " : " + content);
} catch (Exception e) {
    e.printStackTrace();
}
```

经过测试，在部分使用较旧的操作系统的机型上，App 没有权限读取这个节点的数据。不过不用担心，我们还可以通过 ActivityManager.getMyMemoryState 获取到 App 的优先级（也称重要性，本书统称"优先级"）数据，对于 LMK 机制，它的概念和 oom_score 很接近。

```
ActivityManager.RunningAppProcessInfo processInfo = new ActivityManager.
                                        RunningAppProcessInfo();
ActivityManager.getMyMemoryState(processInfo);
//importance 可以用于判断是否前后台
```

```
// 这个值可以结合 oom_score_adj 一起判断 APP 的优先级
Log.d(TAG, "process importance: " + processInfo.importance + " ,
        lastTrimLevel: " + processInfo.lastTrimLevel);
```

Android 系统定义的优先级有这些:

```
@IntDef(prefix = { "IMPORTANCE_" }, value = {
        IMPORTANCE_FOREGROUND,
        IMPORTANCE_FOREGROUND_SERVICE,
        IMPORTANCE_TOP_SLEEPING,
        IMPORTANCE_VISIBLE,
        IMPORTANCE_PERCEPTIBLE,
        IMPORTANCE_CANT_SAVE_STATE,
        IMPORTANCE_SERVICE,
        IMPORTANCE_CACHED,
        IMPORTANCE_GONE,
})
@Retention(RetentionPolicy.SOURCE)
public @interface Importance {}
```

这些优先级的值和含义如表 5-2 所示。

表 5-2 不同优先级的值和含义

名 称	值（值越大优先级越低）	含 义
IMPORTANCE_FOREGROUND	100	用户正在交互的前台、最上层 UI 进程
IMPORTANCE_FOREGROUND_SERVICE	125	前台服务进程，虽然没有直接和用户交互，但正在做比较重要的事，比如播放音乐
IMPORTANCE_VISIBLE	200	可见但不是最上层的进程，或者是系统级服务
IMPORTANCE_PERCEPTIBLE	230	用户不可见，但可以感知到的进程
IMPORTANCE_SERVICE	300	拥有后台服务的进程
IMPORTANCE_TOP_SLEEPING	325	前台可见进程，但设备处于休眠状态
IMPORTANCE_CANT_SAVE_STATE	350	无法保存状态的进程，因此在后台时不可被轻易"杀掉"，通过在 AndroidManifest.xml 文件中设置 android:cantSaveState="true" 可以让进程具有这个优先级
IMPORTANCE_CACHED	400	后台进程
IMPORTANCE_GONE	1000	App 优先级最大值

通过查看进程上报的优先级，我们就可以知道进程被"杀掉"时所处的状态。另外，我们也可以根据系统对优先级的判断标准，通过一些手段提升进程的优先级，降低进程被强制"杀掉"的概率。

到这里我们通过 LMK 次数、设备物理内存情况，以及进程的 oom_score 和优先级，实现了对后台存活相关数据的全方位监控。接下来就来看看针对"GC 对流畅性的影响"，我们需要做什么监控。

5.2.3　GC 对流畅性的影响如何监控

要衡量 App 是否因为 GC 而卡顿，需要获取的数据如图 5-5 所示。

图 5-5　监控是否存在 GC 导致的卡顿所需数据

◆ **GC 次数和耗时**

GC 可以分为两种类型：阻塞式、非阻塞式。

1. 阻塞式 GC 是指在进行 GC 时，会阻塞 GC 发起线程。

2. 非阻塞式 GC 是指并发执行的 GC，不会显式阻塞其他线程。

我们可以通过 Debug.getRuntimeStat 获取到 App 当前的 GC 次数和耗时：

```
public static long getGCInfoSafely(String info) {
    try {
        return Long.parseLong(Debug.getRuntimeStat(info));
    } catch (Throwable throwable) {
        throwable.printStackTrace();
        return -1;
    }
}private static void getGCInfo() {
    long gcCount = getGcInfoSafely("art.gc.gc-count");
    long gcTime = getGcInfoSafely("art.gc.gc-time");
    long blockGcCount = getGcInfoSafely("art.gc.blocking-gc-count");
    long blockGcTime = getGcInfoSafely("art.gc.blocking-gc-time");
}
```

上面的返回值中，blockGcCount 和 blockGcTime 是 App 从启动到被查询时阻塞式 GC 的次数和耗时；gcCount 和 gcTime 是 App 从启动到被查询时的非阻塞式 GC 的次数和耗时。

通过对比不同场景的 FPS、GC 次数、耗时差值，我们可以得出不同场景下的 GC 对流畅性的影响，从而决定是否需要对当前业务进行 GC 优化。

◆ **GC 线程是否频繁**

除了 GC 次数，并发执行的 GC 线程 HeapTaskDaemon 的繁忙程度，也可以用于衡量 GC 的影响。

如果在启动、页面加载等核心场景，HeapTaskDaemon 线程的 CPU 使用时间比主线程的还长，就说明 GC 对 App 的性能有严重影响。所以我们需要追踪 HeapTaskDaemon 的 CPU 使用时间。

在运行时我们可以通过遍历进程的 /proc/{pid}/task，找到名称为 HeapTaskDaemon 的 tid，然后从 /proc/{pid}/task/{tid}/stat 中读取 CPU 使用时间相关数据：

```
shixinzhang:/proc/2441/task $ ls
11711 2441 2487 2489 2491 2497  25384 25392 2575 2642
18531 2462 2488 2490 2496 25382 25385 2560  2641 27107

shixinzhang:/proc/2441/task $ cat 2491/stat
2491 (HeapTaskDaemon) S 1 2441 2441 0 -1 1077936192 285328 6472 2138 18 10089
898 17 8 20 0 20 0 433333747 4314456064 9849 18446744073709551615 35477168128
35477185404 549184672576 484809059904 487153093808 0 4612 0 1073775864 1 0 0 -1 2 0
0 0 0 0 35477191224 35477192712 36444291072 549184674252 549184674342 549184674342
549184675806 0
```

返回的内容比较复杂，这里我们只关心第 14 ~ 17 部分，它们分别表示 HeapTaskDaemon 线程的用户态时长和内核态时长，把它们累加起来，就是线程从创建到被查询时的 CPU 使用时间。

通过将其与主线程的 CPU 使用时间对比，我们可以判断出 HeapTaskDaemon 是否执行太频繁，从而决定是否需要对其进行优先级降低。

5.2.4 小结

本节我们深入讲解了针对典型问题，内存监控需要获取的数据及获取方式，包括 OOM 次数、LMK 次数、GC 次数等，基于这些数据可以搭建完整的内存监控体系，提供内存相关的稳定性和性能指标。

有了这些指标，我们可以站在全局的角度思考内存使用是否合理，从而评估内存优化的必要性，为后续的优化提供方向。

不论什么业务、什么技术架构，搭建监控体系的思路是类似的，先确定哪些问题是最需要关心的，然后监控这些问题相关的数据，最后在大量的数据中，分析出最佳实践方案，从而指导后续的开发工作。

5.3 线下内存测试

经过 5.2 节的学习，我们了解了内存的线上监控方式，通过监控数据，我们可以及时感知到线上的内存使用情况。除了线上监控，我们也有必要经常在线下进行内存测试，本节我们来了解线下内存测试方法。

线下内存测试的主要目的如下。

1. 获取 App 整体和各个场景的内存指标，包括虚拟内存、物理内存。

2. 在内存异常时，明确具体是哪种内存异常，比如 Java 内存、Native 内存或者哪个动态库异常。

3. 初步分析导致问题的原因。

5.3.1 获取 App 的内存指标

做内存测试，首先需要知道当前 App 的整体内存情况，在发生异常后再递进到具体的内存指标。在 Android 中，我们可以通过以下这些方式获取整体内存指标。

1. 获取虚拟内存总大小及 swap 值：/proc/${pid}/status。

2. 获取进程的各类型内存使用量：dumpsys meminfo --local ${pid}。

3. 获取较为详细的内存数据：/proc/${pid}/maps。

首先我们可以通过 adb shell cat /proc/${pid}/status 获取进程总的虚拟内存大小，如图 5-6 所示。

```
xzitdn0504318@XZITDN0504318deMacBook-Pro ~ % adb shell cat /proc/29024/status
Name:    ang.performance
Umask:   0077
State:   S (sleeping)
Tgid:    29024
Ngid:    0
Pid:     29024
PPid:    727
TracerPid:        0
Uid:     11158    11158    11158    11158
Gid:     11158    11158    11158    11158
FDSize:  128
Groups:  9997 21158 51158 99909997
VmPeak:  5767708 kB
VmSize:  5326272 kB
VmLck:        0 kB
VmPin:        0 kB
VmHWM:   106600 kB
VmRSS:   106600 kB
RssAnon:          41580 kB
RssFile:          64696 kB
RssShmem:           324 kB
VmData:  1194424 kB
VmStk:       8192 kB
VmExe:         28 kB
VmLib:     148320 kB
VmPTE:        968 kB
VmPMD:         40 kB
VmSwap:        0 kB
Threads:       20
SigQ:    0/29576
```

图 5-6 进程的状态信息

可以看到，通过 /proc/${pid}/status，我们可以获取到很多有用的信息，如下所示。

• FDSize：文件描述符数量，部分设备在其文件描述符数量超出上限后会崩溃。

• VmPeak：虚拟内存的峰值。

• VmSize：当前虚拟内存大小。

• VmSwap：交换虚拟内存大小。

• Threads：线程数。

通过这些数据，我们可以初步获取到内存指标，接下来获取物理内存相关的数据。

我们可以通过 adb shell dumpsys meminfo --local 获取到当前 App 的整体物理内存和详细分类的物理内存的数据，结果如图 5-7 所示。

```
~ % adb shell dumpsys meminfo --local 28272
Applications Memory Usage (in Kilobytes):
Uptime: 28714/628 Realtime: 652551044

** MEMINFO in pid 28272 [top.shixinzhang.performance] **
                   Pss  Private  Private    Swap    Heap    Heap    Heap
                 Total    Dirty    Clean   Dirty    Size   Alloc    Free

   Native Heap    8161     8124        0       0       0       0       0
   Dalvik Heap    1599     1572        0       0       0       0       0
  Dalvik Other    1078     1076        0       0
         Stack      76       76        0       0
        Ashmem       2        0        0       0
       Gfx dev    1852     1852        0       0
     Other dev      20        0       20       0
      .so mmap    4170       60     1636       0
     .jar mmap    6032        0     1676       0
     .apk mmap    1166       20      588       0
     .ttf mmap      79        0       24       0
     .dex mmap    6284     6284        0       0
     .oat mmap     189        0        0       0
     .art mmap    5770     5668        0       0
    Other mmap    1878       76      808       0
    EGL mtrack   29388    29388        0       0
     GL mtrack    5456     5456        0       0
       Unknown    1106     1096        0       0       0       0       0
         TOTAL   74306    60748     4752       0       0       0       0

 App Summary
                       Pss(KB)

          Java Heap:     7240
        Native Heap:     8124
               Code:    10288                      2
              Stack:       76
           Graphics:    36696
      Private Other:     3076
             System:     8806

             TOTAL:    74306      TOTAL SWAP (KB):        0
```

图 5-7   dumpsys meminfo 结果

可以看到，通过 dumpsys meminfo，我们可以获取到当前 App 的整体物理内存情况和各个类型的物理内存信息。从图 5-7 的标注 2 处我们可以获取到以下信息。

- Java Heap：Java 物理内存，在 Java/Kotlin 代码中分配的内存。
- Native Heap：Native 物理内存，在 C/C++ 代码中分配的内存。
- Code：文件映射的物理内存。
- Graphics：Graphics 物理内存，如图片、纹理等的内存。
- TOTAL：总的物理内存。

从图 5-7 的标注 1 处我们可以获取到更加具体的信息。

- Java 内存可以分为 Dalvik Heap 和 Dalvik other。
- Graphics 内存可以分为 Gfx dev、EGL mtrack、GL mtrack。
- Code 内存可以分为 .so 文件、.jar 文件、.apk 文件、.ttf 文件、.dex 文件、.oat 文件、.art 文件等的内存。

通过这些具体的信息，我们可以进一步确认究竟是什么类型的内存存在问题，如图 5-8 所示，这是 Android Studio Profiler 提供的内存信息，与 dumpsys meminfo 结果一致。

通过 /proc/${pid}/status 和 dumpsys meminfo，我们可以获取到整体内存情况，如果要获取到进程的具体内存数据，可以通过 /proc/${pid}/maps 和 /proc/${pid}/smaps 实现。

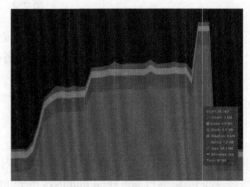

图 5-8   Android Studio Profiler 提供的内存信息

5.3.2 获取进程的内存空间数据

/proc/${pid}/maps 可以为我们提供某个进程的虚拟内存空间的详细数据，如图 5-9 所示。

```
emulator64_arm64:/ # cat /proc/20027/maps
12c00000-2ac00000 rw-p 00000000 00:00 0                          [anon:dalvik-main space (region space)]
6f90e000-6fb68000 rw-p 00000000 00:00 0                          [anon:dalvik-/apex/com.android.art/javalib/boot.art]
6fb68000-6fba9000 rw-p 00000000 00:00 0                          [anon:dalvik-/apex/com.android.art/javalib/boot-core-libart.art]
6fba9000-6fbcf000 rw-p 00000000 00:00 0                          [anon:dalvik-/apex/com.android.art/javalib/boot-okhttp.art]
6fbcf000-6fc03000 rw-p 00000000 00:00 0                          [anon:dalvik-/apex/com.android.art/javalib/boot-bouncycastle.art]
6fc03000-6fc04000 rw-p 00000000 00:00 0                          [anon:dalvik-/apex/com.android.art/javalib/boot-apache-xml.art]
6fc04000-6fcaf000 r--p 00000000 fe:16 45                         /apex/com.android.art/javalib/arm64/boot.oat
6fcaf000-7000e000 r-xp 000ab000 fe:16 45                         /apex/com.android.art/javalib/arm64/boot.oat
7000e000-7000f000 rw-p 00000000 00:00 0                          [anon:.bss]
7000f000-7001b000 rw-p 00000000 fe:16 46                         /apex/com.android.art/javalib/arm64/boot.vdex
7001b000-7001c000 r--p 0040a000 fe:16 45                         /apex/com.android.art/javalib/arm64/boot.oat
7001c000-7001d000 rw-p 0040b000 fe:16 45                         /apex/com.android.art/javalib/arm64/boot.oat
7001d000-7002b000 r--p 00000000 fe:16 39                         /apex/com.android.art/javalib/arm64/boot-core-libart.oat
7002b000-70076000 r-xp 0000e000 fe:16 39                         /apex/com.android.art/javalib/arm64/boot-core-libart.oat
70076000-70077000 rw-p 00000000 00:00 0                          [anon:.bss]
70077000-70079000 rw-p 00000000 fe:16 40                         /apex/com.android.art/javalib/arm64/boot-core-libart.vdex
70079000-7007a000 r--p 00059000 fe:16 39                         /apex/com.android.art/javalib/arm64/boot-core-libart.oat
7007a000-7007b000 rw-p 0005a000 fe:16 39                         /apex/com.android.art/javalib/arm64/boot-core-libart.oat
7007b000-70088000 r--p 00000000 fe:16 42                         /apex/com.android.art/javalib/arm64/boot-okhttp.oat
70088000-700c2000 r-xp 0000d000 fe:16 42                         /apex/com.android.art/javalib/arm64/boot-okhttp.oat
700c2000-700c3000 rw-p 00000000 00:00 0                          [anon:.bss]
700c3000-700c4000 rw-p 00000000 fe:16 43                         /apex/com.android.art/javalib/arm64/boot-okhttp.vdex
700c4000-700c5000 r--p 00047000 fe:16 42                         /apex/com.android.art/javalib/arm64/boot-okhttp.oat
700c5000-700c6000 rw-p 00048000 fe:16 42                         /apex/com.android.art/javalib/arm64/boot-okhttp.oat
700c6000-700cd000 r--p 00000000 fe:16 36                         /apex/com.android.art/javalib/arm64/boot-bouncycastle.oat
700cd000-700e0000 r-xp 00007000 fe:16 36                         /apex/com.android.art/javalib/arm64/boot-bouncycastle.oat
700e0000-700e1000 rw-p 00000000 00:00 0                          [anon:.bss]
700e1000-700e7000 rw-p 00000000 fe:16 37                         /apex/com.android.art/javalib/arm64/boot-bouncycastle.vdex
700e7000-700e8000 r--p 0001a000 fe:16 36                         /apex/com.android.art/javalib/arm64/boot-bouncycastle.oat
700e8000-700e9000 rw-p 0001b000 fe:16 36                         /apex/com.android.art/javalib/arm64/boot-bouncycastle.oat
700e9000-700ec000 r--p 00000000 fe:16 33                         /apex/com.android.art/javalib/arm64/boot-apache-xml.oat
700ec000-700ef000 rw-p 00000000 fe:16 34                         /apex/com.android.art/javalib/arm64/boot-apache-xml.vdex
700ef000-700f0000 r--p 00003000 fe:16 33                         /apex/com.android.art/javalib/arm64/boot-apache-xml.oat
700f0000-700f1000 rw-p 00004000 fe:16 33                         /apex/com.android.art/javalib/arm64/boot-apache-xml.oat
700f1000-70d07000 rw-p 00000000 00:00 0                          [anon:dalvik-/system/framework/boot-framework.art]
70d07000-70d08000 rw-p 00000000 00:00 0                          [anon:dalvik-/system/framework/boot-framework-graphics.art]
```

图 5-9 maps 信息

maps 会返回多行结果，以第一行为例，其内容的含义如下。

- 12c0000-2ac0000：这块内存的开始地址和结束地址，二者相减可以得到这段内存的大小。
- rw-p：这块内存的权限，r 表示可读、w 表示可写、x 表示可执行、p 表示私有。
- 00000000：偏移地址，这块内存在文件中的偏移，匿名映射为 0。
- 00:00：主设备号和次设备号，匿名映射为 00:00。
- 0：索引节点的节点号，匿名映射为 0。
- [anon:dalvik-main space (region space)]：映射的文件名或者代码中设置的内存名称。

通过 maps 信息我们可以看到进程的文件映射、匿名映射等数据。不过它的结果还比较笼统，有时候我们想知道某个动态库占据的内存是共享的还是私有的，可以通过 /proc/${pid}/smaps 进行查看，如图 5-10 所示。

smaps 是 maps 的拓展，smaps 除了返回 maps 的内容，还会给出每块内存的详细信息，其中比较重要的有如下几个。

- Size：虚拟内存大小。
- KernelPageSize/MMUPageSize：页大小，一般为 4KB。
- Rss：实际分配的物理内存，等于 Shared_Clean + Shared_Dirty + Private_Clean + Private_Dirty。

```
emulator64_arm64:/ # cat /proc/25639/smaps
12c00000-2ac00000 rw-p 00000000 00:00 0                          [anon:dalvik-main space (region space)]
Name:           [anon:dalvik-main space (region space)]
Size:           393216 KB
KernelPageSize:      4 KB
MMUPageSize:         4 KB
Rss:              1740 KB
Pss:              1740 KB
Shared_Clean:        0 KB
Shared_Dirty:        0 KB
Private_Clean:       0 KB
Private_Dirty:    1740 KB
Referenced:       1740 KB
Anonymous:        1740 KB
LazyFree:            0 KB
AnonHugePages:       0 KB
ShmemPmdMapped:      0 KB
FilePmdMapped:       0 KB
Shared_Hugetlb:      0 KB
Private_Hugetlb:     0 KB
Swap:                0 KB
SwapPss:             0 KB
Locked:              0 KB
THPeligible:    0
VmFlags: rd wr mr mw me ac
```

图 5-10   smaps 信息

- Shared：多个进程共享的内存，比如系统库。
- Private：进程内部私有的内存。
- Clean/Dirty：内存是否和文件一致，基于文件映射的内存如果被修改后未同步到文件就是 Dirty 的。
- Pss：按照比例分配共享内存后的物理内存，其大小小于等于 Rss 的大小，等于 Private_Clean + Private_Dirty +Shared_Clean/ 共享进程数 + Shared_Dirty/ 共享进程数。
- Referenced：被访问过的内存。
- Anonymous：匿名内存。

我们可以通过统计 smaps 的信息，得到进程的各块内存的整体虚拟内存大小和物理内存大小。如果觉得统计起来比较麻烦，在 Android 高版本上，可以使用 showmap 命令，查看进程的内存使用情况，比如 showmap -a 20027（-a 表示展示虚拟地址，20027 是进程 ID），如图 5-11 所示。

图 5-11   showmap 返回结果

showmap 会将 smaps 的结果进行聚合，给出某个文件映射或者匿名内存的整体虚拟内存大小和物理内存大小。我们可以对结果做二次加工，根据 virtual size（即虚拟内存大小）或者 PSS（Proportional Set Size，物理内存大小）进行排序，即可得到占用内存最大的文件映射或者匿名内存。

5.3.3 分析内存使用详情

发现 Java 内存指标异常后，我们可以使用 Android Studio Profiler 进行分析。

要分析 Java 内存问题，我们可以先在终端中执行 adb shell am dumpheap 生成 hprof 文件。

```
% adb shell am dumpheap top.shixinzhang.performance
File: /data/local/tmp/heapdump-20220831-115045.prof
Waiting for dump to finish...
% cd hprof
% adb pull /data/local/tmp/heapdump-20220831-115045.prof .
/data/local/tmp/heapdump-20220831-115045.prof: 1 file pulled, 0 skipped. 213.3
MB/s (129206570 bytes in 0.578s)
```

用 Android Studio Profiler 打开 hprof 文件后，可以看到占用内存较多的对象及内存占用大小、分配次数，如图 5-12 所示。

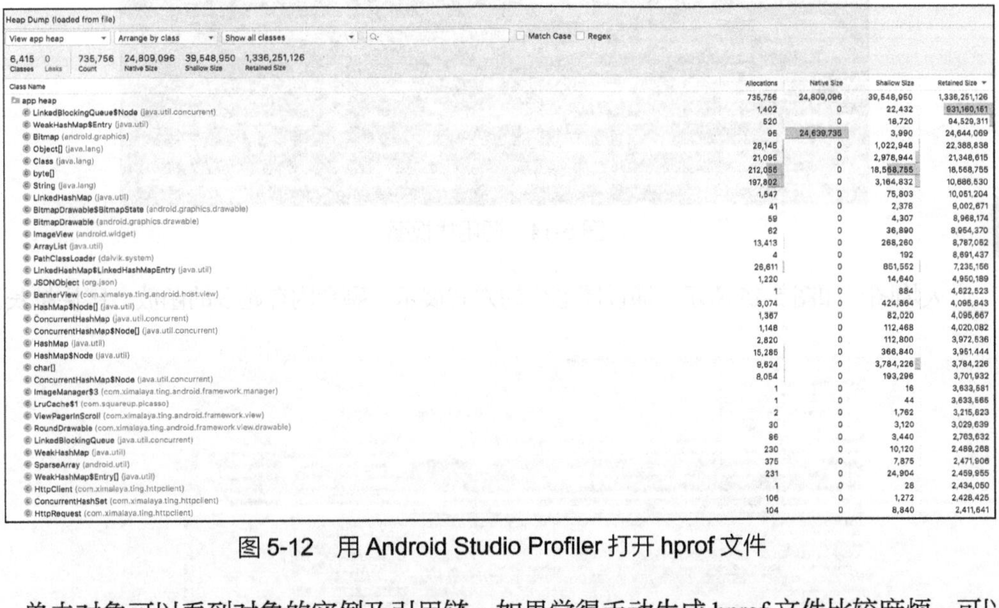

Heap Dump (loaded from file)

View app heap | Arrange by class | Show all classes | Match Case | Regex

6,415 Classes | 0 Leaks | 735,756 Count | 24,809,096 Native Size | 39,548,950 Shallow Size | 1,336,251,126 Retained Size

Class Name	Allocations	Native Size	Shallow Size	Retained Size
app heap	735,756	24,809,096	39,548,950	1,336,251,126
LinkedBlockingQueue$Node (java.util.concurrent)	1,402	0	22,432	931,160,161
WeakHashMap$Entry (java.util)	520	0	18,720	94,529,311
Bitmap (android.graphics)	95	24,639,736	3,990	24,644,069
Object[] (java.lang)	28,145	0	1,022,948	22,388,838
Class (java.lang)	21,095	0	2,978,944	21,348,615
byte[]	212,056	0	18,568,755	18,568,755
String (java.lang)	197,802	0	3,164,832	10,686,530
LinkedHashMap (java.util)	1,547	0	75,803	10,051,204
BitmapDrawable$BitmapState (android.graphics.drawable)	41	0	2,378	9,002,671
BitmapDrawable (android.graphics.drawable)	59	0	4,307	8,968,174
ImageView (android.widget)	62	0	36,890	8,954,370
ArrayList (java.util)	13,413	0	268,260	8,787,062
PathClassLoader (dalvik.system)	4	0	192	8,691,437
LinkedHashMap$LinkedHashMapEntry (java.util)	26,611	0	851,552	7,235,156
JSONObject (org.json)	1,220	0	14,640	4,950,189
BannerView (com.ximalaya.ting.android.host.view)	1	0	884	4,822,523
HashMap$Node[] (java.util)	3,074	0	424,864	4,095,843
ConcurrentHashMap (java.util.concurrent)	1,367	0	82,020	4,095,667
ConcurrentHashMap$Node[] (java.util.concurrent)	1,148	0	112,468	4,020,082
HashMap (java.util)	2,820	0	112,800	3,972,536
HashMap$Node (java.util)	15,285	0	366,840	3,951,444
char[]	9,624	0	3,784,226	3,784,226
ConcurrentHashMap$Node (java.util.concurrent)	8,054	0	193,296	3,701,932
ImageManager$3 (com.ximalaya.ting.android.framework.manager)	1	0	16	3,633,581
LruCache$1 (com.squareup.picasso)	1	0	44	3,633,565
ViewPagerInScroll (com.ximalaya.ting.android.framework.view)	2	0	1,762	3,215,823
RoundDrawable (com.ximalaya.ting.android.framework.view.drawable)	30	0	3,120	3,029,639
LinkedBlockingQueue (java.util.concurrent)	86	0	3,440	2,763,632
WeakHashMap (java.util)	230	0	10,120	2,489,268
SparseArray (android.util)	375	0	7,875	2,471,906
WeakHashMap$Entry[] (java.util)	231	0	24,904	2,459,955
HttpClient (com.ximalaya.ting.httpclient)	1	0	28	2,434,050
ConcurrentHashSet (com.ximalaya.ting.httpclient)	106	0	1,272	2,428,425
HttpRequest (com.ximalaya.ting.httpclient)	104	0	8,840	2,411,641

图 5-12 用 Android Studio Profiler 打开 hprof 文件

单击对象可以看到对象的实例及引用链。如果觉得手动生成 hprof 文件比较麻烦，可以使用 Android Studio Profiler 的实时内存分配分析功能（基于 JVMTI 实现）。开启监控后，我们在内存走势图上框选一块区域，即可看到这段时间内分配的对象，结果如图 5-13 所示。

Android Studio Profiler 新版本上也提供了 Native 内存分配分析功能，通过它我们可以定位到分配 Native 内存较多的函数及所属 .so 文件，支持两种数据分析方式。

1. 调用栈视图：如图 5-14 所示，通过表格的方式罗列每个函数分配和释放的内存及其调用次数。

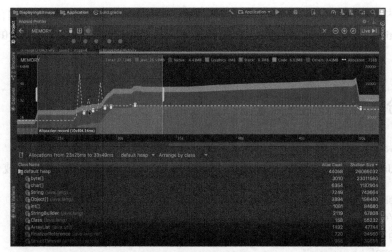

图 5-13　Android Studio Profiler 实时检测 Java 分配信息

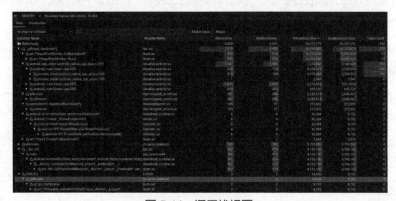

图 5-14　调用栈视图

2. 火焰图：如图 5-15 所示，通过图形化的方式展示，剩余内存越多的函数，区块越长。

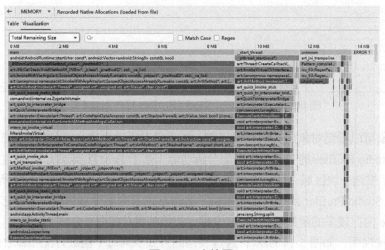

图 5-15　火焰图

5.4 内存优化

经过 5.2 节和 5.3 节的学习，我们了解了内存的线上监控和线下测试方式，本节我们来学习内存问题如何分析、定位，内存优化如何进行。

根据线上常见的内存问题的类型，主要分为以下 3 种。

1. Java 内存问题。

2. Native 内存问题。

3. 图片内存问题。

接下来我们来了解这 3 种典型问题如何分析、定位。

5.4.1 Java 内存问题分析、定位

Java 内存，是指在 Java/Kotlin 代码中申请，由 Android 虚拟机完成分配的内存。当通过监控发现线上有如下问题时，说明需要进行 Java 内存优化。

1. java.lang.OutOfMemoryError 较多。

2. Java Heap 内存使用较高。

3. 卡顿发生前，GC 执行较频繁。

导致 Java 内存异常的问题一般如下。

• 对象引用泄漏。

• 存在内存占用很大的对象。

• 创建线程过多。

• 存在大量重复的对象。

• 频繁创建、回收对象。

为什么"对象引用泄漏"会导致内存问题呢？这是因为 Android 虚拟机在做内存回收时，会保留当前正在使用的对象，只回收那些不再使用的对象。如何判断一个对象是否正在使用呢？如图 5-16 所示，Android 虚拟机会对内存中的所有对象做类似树的遍历的操作：从被称为 GC Root 的根对象出发，找到根对象引用的子对象，然后递归查找子对象引用的孙对象，依次查找，直到没有子对象。通过遍历所有的 GC Root，可以找到当前所有"可达的"对象，这些"可达的"对象，就被 Android 虚拟机认为是正在使用的，也就不会被回收。

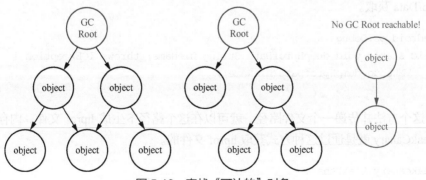

图 5-16 查找"可达的"对象

如果一个对象使用完后不会再被使用，理论上应该是不可达的状态，这样在内存不足时它占用的内存就可以被回收掉。但如果因为代码逻辑问题导致不再使用的对象被其他对象引用，Android 虚拟机就始终无法把它回收掉，这就是我们常说的"内存泄漏"或"对象引用泄漏"。如果内存中有大量的对象泄漏，或者泄漏的对象（比如 Activity/Fragment）占用的内存非常多就会导致 Android 虚拟机在内存不足时，无论怎么执行 GC，都没办法回收更多内存，最终导致内存用尽发生 OOM。此外由于内存泄漏导致的内存不足，会让 GC 执行得更加频繁，也会导致内存分配变慢，还会导致 ANR。

为了分析和解决这些内存问题，我们需要知道以下问题。

• 什么对象泄漏，是谁引用了它导致泄漏。

• 内存中有哪些对象内存占用比较多，创建堆栈是什么。

• 内存中有哪些对象个数比较多，创建堆栈是什么。

要获取这些信息，在线下，我们可以通过 LeakCanary、Android Studio Profiler、MAT（Memory Analyzer Tool）等工具；在线上，我们可以使用 KOOM、Tailor 等开源库或自研工具。通过理解这几个库的实现细节，我们可以掌握 Java 内存分析的理论和方法。

5.3.3 节我们介绍了 Android Studio Profiler 等工具的使用。本节我们来了解目前使用较多的 Java 内存分析开源库 KOOM 的原理。（比起学习枯燥的理论，研究可运行程序背后的原理，更容易让人学到知识。）

首先我们来了解 KOOM 是如何实现高性能地获取 hprof 文件的。

如图 5-17 所示，定位 Java 内存问题，最核心的就是获取到 hprof 文件。在获取到 hprof 文件后，我们可以通过 MAT 和 Android Studio Profiler 等工具进行分析，从而找到占用内存过高和泄漏的对象。

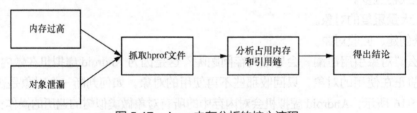

图 5-17　Java 内存分析的核心流程

在线下内存测试时，我们可以通过 adb shell am dumpheap 获取 hprof 文件，比如 adb shell am dumpheap top.shixinzhang.performance；而在线上内存测试时，最简单的方式是通过 Debug.dumpHprofData 获取。

```
//android.os.Debug
public static void dumpHprofData(String fileName) throws IOException {
    VMDebug.dumpHprofData(fileName);
}
```

调用这个方法并传递一个文件路径，就可以在这个路径下生成 hprof 文件。内存泄漏检测开源库 LeakCanary 就是通过这种方式获取 hprof 文件的。

```
//leakcanary.LeakCanary
```

```
val heapDumper: HeapDumper = AndroidDebugHeapDumper

//leakcanary.AndroidDebugHeapDumper
object AndroidDebugHeapDumper : HeapDumper {
  override fun dumpHeap(heapDumpFile: File) {
    Debug.dumpHprofData(heapDumpFile.absolutePath)
  }
}
```

Debug.dumpHprofData 的好处是使用简单，仅用一行代码就可以实现获取 hprof 文件。但它的缺点也很明显：调用后会导致进程卡顿数秒甚至数十秒！这对用户体验的影响是非常大的。

让人惊喜的是，开源的 KOOM 库解决了 Debug.dumpHprofData 执行时的卡顿问题，使得线上获取 hprof 文件的性能损耗变得可以接受。本节我们来了解它的实现原理。

首先我们来看一下 Debug.dumpHprofData 为什么会导致卡顿。

```
//art/runtime/hprof/hprof.cc
    void DumpHeap(const char* filename, int fd, bool direct_to_ddms) {
    //...
    ScopedSuspendAll ssa(__FUNCTION__, true /* long suspend */);

    Hprof hprof(filename, fd, direct_to_ddms);
    hprof.Dump();
    }
```

经过层层调用，Debug.dumpHprofData 最终会执行到 hprof.cc 的 DumpHeap 函数。

- frameworks/base/core/java/android/os/Debug.java
- art/runtime/native/dalvik_system_VMDebug.cc
- art/runtime/hprof/hprof.cc

在 DumpHeap 中首先会创建一个 ScopedSuspendAll，在它的构造函数执行时会暂停当前进程的所有线程。

```
//art/runtime/thread_list.cc
ScopedSuspendAll::ScopedSuspendAll(const char* cause, bool long_suspend) {
    Runtime::Current()->GetThreadList()->SuspendAll(cause, long_suspend);
}
```

在这个函数结束时会执行 ScopedSuspendAll 的析构函数，从而恢复所有线程的执行：

```
ScopedSuspendAll::~ScopedSuspendAll() {
    Runtime::Current()->GetThreadList()->ResumeAll();
}
```

SuspendAll（暂停所有线程）和 ResumeAll（恢复所有线程执行）最终都是通过修改线程的 suspend_count 和 state_and_flags 实现的。

我们知道了 Debug.dumpHprofData 为什么会导致卡顿，接下来看看 KOOM 是如何解决卡顿问题的。

在 KOOM 中，实现获取 hprof 文件的关键类是 ForkJvmHeapDumper.java。当监控到内存
指标异常时（见图 5-18），会经过层层调用执行到 ForkJvmHeapDumper 的 dump 方法，从而触
发获取 hprof 文件的操作。

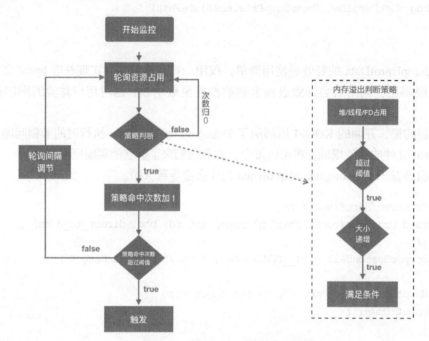

图 5-18 KOOM 内存监控流程图

```java
//koom-fast-dump/src/main/java/com/kwai/koom/fastdump/ForkJvmHeapDumper.java
public class ForkJvmHeapDumper implements HeapDumper {

    @Override
    public synchronized boolean dump(String path) {
        //...
        boolean dumpRes = false;
        try {
            // 暂停所有进程，fork 新进程
            int pid = suspendAndFork();
            if (pid == 0) {
                // 子进程执行 hprof 文件的获取逻辑
                Debug.dumpHprofData(path);
                exitProcess();

            } else if (pid > 0) {
                // 父进程恢复执行，当前线程等待 hprof 文件获取完成后继续执行
                dumpRes = resumeAndWait(pid);

            }
```

```
    } catch (IOException e) {
        //...
    }
    return dumpRes;
}
```

在 ForkJvmHeapDumper 中，首先通过 suspendAndFork 暂停当前进程的所有线程，fork 出一个子进程来执行 hprof 文件的获取逻辑。suspendAndFork 经过层层调用会执行到 hprof_dump. cpp 的 SuspendAndFork 函数。

```
//koom-fast-dump/src/main/cpp/hprof_dump.cpp
pid_t HprofDump::SuspendAndFork() {

    if (android_api_ < __ANDROID_API_R__) {
        //Android 10 及以下版本的暂停操作
        suspend_vm_fnc_();
    } else if (android_api_ <= __ANDROID_API_S__) {
        //Android 11 和 12 两个版本的暂停操作
        void *self = __get_tls()[TLS_SLOT_ART_THREAD_SELF];
        sgc_constructor_fnc_((void *)sgc_instance_.get(), self, kGcCauseHprof,
                            kCollectorTypeHprof);
        ssa_constructor_fnc_((void *)ssa_instance_.get(), LOG_TAG, true);
        // avoid deadlock with child process
        exclusive_unlock_fnc_(*mutator_lock_ptr_, self);
        sgc_destructor_fnc_((void *)sgc_instance_.get());
    }


    //fork 新进程
    pid_t pid = fork();
    if (pid == 0) {
        // 设置子进程的超时时间
        alarm(60);
    }
    return pid;
}
```

如上面的代码所示，SuspendAndFork 适配了不同的 Android 版本，针对不同版本调用了不同的函数。以 Android 11 以下版本为例，会执行 libart.so 的 _ZN3art3Dbg9SuspendVMEv。

```
void *handle = kwai::linker::DlFcn::dlopen("libart.so", RTLD_NOW);
suspend_vm_fnc_ = (void (*)())DlFcn::dlsym(handle, "_ZN3art3Dbg9SuspendVMEv");
```

_ZN3art3Dbg9SuspendVMEv 对应的函数是 art::Dbg::SuspendVM()：

```
//art/runtime/debugger.cc
void Dbg::SuspendVM() {
```

```
        Runtime::Current()->GetThreadList()->SuspendAllForDebugger();
    }
```

可以看到，Dbg::SuspendVM 执行的函数的逻辑和 Debug.dumpHprofData 中 ScopedSuspendAll 的逻辑类似，都是先暂停所有线程。在暂停了所有线程后，会通过 fork 创建出一个子进程，在子进程中执行 Debug.dumpHprofData 获取 hprof 文件，然后主进程立刻恢复执行，只留当前线程等待子进程获取 hprof 文件完成后执行后面的解析逻辑。这样一来，主进程的主线程需要等待的时间只有 fork 函数执行的耗时，比之前直接执行 Debug.dumpHprofData 会快很多。

到这里我们就知道了 KOOM 高性能获取 hprof 文件的核心方案：fork 子进程执行 Debug.dumpHprofData，把耗时操作转移到子进程。我们还需要了解这个核心方案背后的两点。

1. 为什么在子进程中获取的 hprof 文件和在主进程中获取的一样？

2. 为什么在创建子进程之前需要先暂停主进程的所有线程？

之所以在子进程中获取的 hprof 文件和在主进程中获取的一样，是因为在 Linux 中，为了提升进程创建的速度和减少内存使用，创建子进程时不会立刻分配新的内存地址空间，而是先让其和父进程共享同一块内存。只有在子进程发生写操作时，才分配新的内存。这样在刚创建的子进程中访问的内存数据其实就是父进程的内存数据。

而在创建子进程之前需要先暂停主进程的所有线程，有如下两个原因。

1. 获取 hprof 文件需要从所有 GC Root 出发进行遍历，如果不暂停线程执行，结果会有问题（这就是 Debug.dumpHprofData 中会执行暂停线程的原因）。

2. 在子进程创建后才执行暂停逻辑，修改的就是子进程的数据，会触发内存分配等操作，无法获取到主进程执行 dump 时的真实数据。

到此我们就了解了 KOOM 是如何实现高性能地获取 hprof 文件的。接下来我们来看看 KOOM 是如何检测线程泄漏的。

在 Android 系统中，主线程默认占用内存为 8192KB，即 8MB，其他线程默认占用内存为 1MB 左右，在 ANR 的 trace 文件里我们可以在每个线程的 stackSize 值里看到对应的值内存。

```
    "main" prio=5 tid=1 Blocked
      | group="main" sCount=1 dsCount=0 flags=1 obj=0x713dcb88 self=0x7e27006c00
      | sysTid=24602 nice=-10 cgrp=default sched=0/0 handle=0x7e28574ed0
       | state=S schedstat=( 8406034979 1095165571 4956 ) utm=740 stm=100 core=7
HZ=100
       | stack=0x7fcb05f000-0x7fcb061000 stackSize=8192KB

    "HeapTaskDaemon" prio=5 tid=101 TimedWaiting
      | group="main" sCount=1 dsCount=0 flags=1 obj=0x13cc1f70 self=0x7d37632c00
      | sysTid=24781 nice=0 cgrp=default sched=0/0 handle=0x7cd10ffd50
      | state=S schedstat=( 51265214 45234581 362 ) utm=3 stm=2 core=7 HZ=100
      | stack=0x7cd0ffd000-0x7cd0fff000 stackSize=1040KB
```

随着业务越来越复杂，App 里常驻的线程动辄数百个，也就是单单创建线程就会消耗掉数百 MB 内存，这可能带来如下两个问题。

1. 在 32 位 App 上由于虚拟内存不足导致 OOM。

```
    java.lang.OutOfMemoryError: pthread_create (1040KB stack) failed: Try again
```

2. 超出部分机型的线程数限制，导致线程创建失败。

由于报错信息类似 Java OOM，所以我们把这种问题暂且归类在 Java 内存问题中。

这两个问题一般是线程存活时间过久，创建线程过多导致的。也就是在线程创建后，没有及时退出，导致进程中的线程越来越多，最终耗尽内存或者超出线程数量限制。

Java 线程没有及时退出的典型例子如下。

- 使用 HandlerThread，没有及时调用 quit 方法。如图 5-19 所示，HandlerThread 在启动后会执行 Looper.loop，这会导致 run 方法始终不会结束。
- 使用 Thread.java，在 run 方法里有循环操作。
- 项目里线程池过多，线程池的核心线程数都不为 0。

```java
public class HandlerThread extends Thread {
    //...
    @Override
    public void run() {
        mTid = Process.myTid();
        Looper.prepare();
        synchronized (this) {
            mLooper = Looper.myLooper();
            notifyAll();
        }
        Process.setThreadPriority(mPriority);
        onLooperPrepared();
        //这一步会让这个线程始终无法退出
        Looper.loop();
        mTid = -1;
    }
}
```

图 5-19　HandlerThread 中的 Looper.loop

下面看一个 Native 线程结束后无法退出的例子：创建 pthread 时没有设置 detach 状态（Linux 线程的一个属性，默认值为 joinable），导致线程执行完后无法退出。之所以会这样，是因为 Linux 线程在退出时，只有进入 detach 状态才会释放内存，所以我们需要在创建线程时主动将线程的 detach 状态设置为 PTHREAD_CREATE_DETACHED，否则会导致线程泄漏。

```
pthread_t thread;
pthread_attr_t attr;
pthread_attr_init(&attr);
pthread_attr_setdetachstate(&attr, PTHREAD_CREATE_DETACHED);

pthread_create(&thread, &attr, thread_routine, nullptr);
```

可以看到，无论 Java 线程还是 Native 线程都很容易出现线程泄漏的问题，导致不必要的内存浪费。因此我们有必要监控 App 的线程创建堆栈，发现不必要的线程，尽量通过线程池等方式进行控制，以减少线程数和占用的内存。

常见的线程监控方式有两种。

1. 编译时对 new Thread 和 new HandlerThread 等代码进行 AOP 切面 hook，在其中增加统计代码或者直接把创建线程替换成统一使用线程池。

2. 运行时在 hook 线程创建的底层实现 pthread_create 方法，在其中增加统计代码，根据创建堆栈进行优化。

我们来看一下第二种方式如何实现。

在 Linux 中，线程的结构和进程的结构一样，都是 task_struct。多个线程共享进程的内存、文件、信号等数据。在 Android 中，线程分为 Java 线程和 Native 线程。Java 线程就是在 Java/Kotlin 代码中通过 Thread.java 创建的线程；Native 线程则是在 C/C++ 代码中通过 Linux 的 pthread 类库创建的线程。

如图 5-20 所示，当我们通过 new Thread 创建一个线程时，最终会执行到 Native 层的 pthread_create 方法，也就是说，一个 Java 线程对应一个 Native 线程。

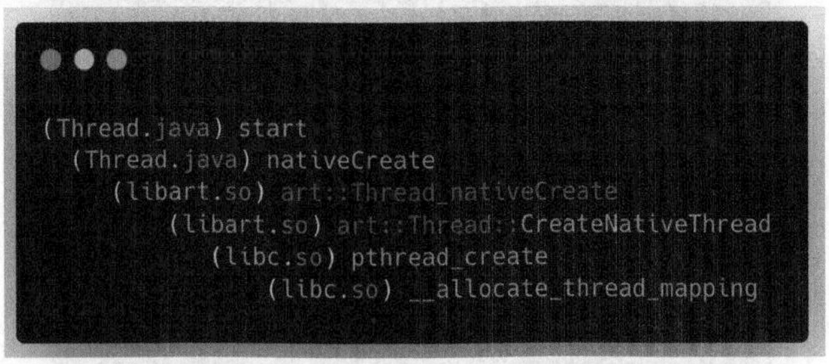

```
(Thread.java) start
    (Thread.java) nativeCreate
        (libart.so) art::Thread_nativeCreate
            (libart.so) art::Thread::CreateNativeThread
                (libc.so) pthread_create
                    (libc.so) __allocate_thread_mapping
```

图 5-20　Thread.java 的 start 方法调用流程

因此，我们可以通过拦截 Linux 线程创建的关键函数 pthread_create，在其中获取调用堆栈，实现监控线程的创建信息。

在 KOOM 中，实现线程监控的是 thread_hook.cpp：

```
//koom-thread-leak/src/main/cpp/src/thread/thread_hook.cpp
void ThreadHooker::InitHook() {

    // 获取当前加载的所有库
    std::set<std::string> libs;
    DlopenCb::GetInstance().GetLoadedLibs(libs);
    // 执行 hook
    HookLibs(libs, Constant::kDlopenSourceInit);
    DlopenCb::GetInstance().AddCallback(DlopenCallback);
}

bool ThreadHooker::RegisterSo(const std::string &lib, int source) {
    if (IsLibIgnored(lib)) {
        return false;
    }
    auto lib_ctr = lib.c_str();
    xhook_register(lib_ctr, "pthread_create",
                reinterpret_cast<void *>(HookThreadCreate), nullptr);
    xhook_register(lib_ctr, "pthread_detach",
```

```
                    reinterpret_cast<void *>(HookThreadDetach), nullptr);
    xhook_register(lib_ctr, "pthread_join",
                    reinterpret_cast<void *>(HookThreadJoin), nullptr);
    xhook_register(lib_ctr, "pthread_exit",
                    reinterpret_cast<void *>(HookThreadExit), nullptr);

    return true;
}
```

可以看到，thread_hook.cpp 拦截了当前加载的所有 .so 文件的 pthread_create、pthread_detach、pthread_join 和 pthread_exit 函数，这几个函数是线程创建、退出、被修改状态的核心方法。

在线程创建的代理函数中，会获取当前函数的调用堆栈，将其保存到记录中。

```
// 线程创建的拦截函数
//koom-thread-leak/src/main/cpp/src/thread/thread_hook.cpp
int ThreadHooker::HookThreadCreate(pthread_t *tidp, const pthread_attr_t *attr,
                                    void *(*start_rtn)(void *), void *arg) {
    if (hookEnabled() && start_rtn != nullptr) {
        //...
        void *thread = koom::CallStack::GetCurrentThread();
        if (thread != nullptr) {
            //Java 栈回溯
            koom::CallStack::JavaStackTrace(thread,
                            hook_arg->thread_create_arg->java_stack);
        }
        //Native 栈回溯
        koom::CallStack::FastUnwind(thread_create_arg->pc,
                                    koom::Constant::kMaxCallStackDepth);
        thread_create_arg->stack_time = Util::CurrentTimeNs() - time;
                            return pthread_create(tidp, attr,
                            reinterpret_cast<void *(*) (void *)>(HookThreadStart),
                            reinterpret_cast<void *>(hook_arg));
    }
    return pthread_create(tidp, attr, start_rtn, arg);
}
```

在线程退出的代理函数中，会在之前的缓存中查找当前线程 ID 对应的记录信息，查看当前线程记录的 thread_detached 状态是否为 true。

```
//koom-thread-leak/src/main/cpp/src/thread/thread_holder.cpp
void ThreadHolder::ExitThread(pthread_t threadId, std::string &threadName,
                                long long int time) {
    bool valid = threadMap.count(threadId) > 0;
    if (!valid) return;

    // 从记录 map 中获取数据
```

```
    auto &item = threadMap[threadId];

    item.exitTime = time;
    item.name.assign(threadName);
    if (!item.thread_detached) {
        // 泄漏了
        koom::Log::error(holder_tag,
                       "Exited thread Leak! Not joined or detached!\n tid:%p",
                       threadId);
        leakThreadMap[threadId] = item;
    }
    threadMap.erase(threadId);
    koom::Log::info(holder_tag, "ExitThread finish");
}
```

记录信息中的 thread_detached 会在什么时候被修改呢？在以下两个时机。

1. 该线程被其他线程通过 pthread_join 函数加入（调用线程会被阻塞，直到指定的线程结束）后。

2. 该线程被其他线程通过 pthread_detach 修改状态（会将线程状态设置为 detached，不阻塞调用线程）后。

```
void ThreadHolder::JoinThread(pthread_t threadId) {
  bool valid = threadMap.count(threadId) > 0;

  if (valid) {
      threadMap[threadId].thread_detached = true;
  }
  //...
}

void ThreadHolder::DetachThread(pthread_t threadId) {
  bool valid = threadMap.count(threadId) > 0;

  if (valid) {
    threadMap[threadId].thread_detached = true;
  }
  //...
}
```

通过拦截 pthread_create、pthread_exit、pthread_join、pthread_detach 这 4 个方法，KOOM 就实现了记录一个线程从创建、状态修改到退出的整个过程，当线程退出时，如果没有被"join"或"detach"就会上报泄漏记录。

5.4.2 Native 内存问题分析、定位

5.4.1 节我们了解了 Java 内存的优化方法，相较于 Java 内存，Native 内存问题更难分析，本节我们来了解当 App 遇到 Native 内存问题时如何分析、定位。

Native 内存指在 C/C++ 代码中申请，由 Linux Kernel 完成分配的内存，包括创建匿名内存和文件映射。当通过监控发现线上有如下问题时，说明需要进行 Native 内存优化。

- Native OOM 较多。
- 进程后台存活时间短，容易被系统强制关闭。

Native OOM 一般发生在 32 位 App（目前主流设备基本都支持 64 位 App）上，由于使用的内存过多或者存在内存泄漏，导致使用的虚拟内存超出了 3GB（32 位设备）或者 4GB（64 位设备）。

虽然 64 位 App 的虚拟内存上限很高，但使用的虚拟内存最终还是要分配到物理内存才能使用。目前主流设备的物理内存在 8GB 到 16GB 范围内，在物理内存剩余不多时，会触发 kswapd 和 LMK 等机制回收内存，如果我们的 App 在后台时使用的内存仍然很多，很容易被系统强制关闭。

另外，在一些设备上，App 可以打开的 FD（File Descriptor，文件描述符）的上限比较低，如果 App 打开的 FD 过多也会导致崩溃。

为了分析和解决这些问题，我们需要知道：

1. Native 内存都被哪里使用了，是否存在泄漏；
2. 是否存在文件映射过大或重复的情况。

要获取这些信息，在线下我们可以使用 Android Studio Memory Profiler、.proc 文件等；在线上我们可以使用 MemoryLeakDetector、KOOM 和 Matrix 等开源库或自研工具。

本节我们来看一下性能和稳定性较好的 MemoryLeakDetector 是如何检测 Native 内存泄漏的。通过理解它的实现细节，我们可以掌握 Native 内存泄漏分析的理论和方法。

MemoryLeakDetector 是字节跳动开源的一款 Android Native 内存泄漏监控工具，它可以监控在 C/C++ 代码中申请的 Native 内存和创建线程时使用的内存。因为接入简单、稳定性好、监控范围广，它在很多有亿级用户的产品上都被使用。

◆ MemoryLeakDetector 使用方法

要使用 MemoryLeakDetector，需要完成以下几步。

1. 在项目 App 目录的 build.gradle 中添加依赖。

```
dependencies {
    implementation 'com.github.bytedance:memory-leak-detector:0.1.8'
}
```

2. 尽可能早地调用 Raphael.start 开始检测内存分配。

```
String space = getExternalFilesDir("native_leak").getAbsolutePath(); Raphael.start
        (Raphael.MAP64_MODE|Raphael.ALLOC_MODE|0x0F0000|1024, space,null);
```

到此 MemoryLeakDetector 就已经完成了配置。为了确认效果，我们可以模拟申请 256MB 内存且不释放。

```
static void test_memory_leak() {
    char* p = static_cast<char *>(malloc(256 * 1024 * 1024));
    LOG( "test_memory_leak >>> p address %p, p1: %d, p10: %d" , p, p[1], p[10]);
}
```

在程序运行起来后，通过本地广播输出当前的内存分配记录。

```
adb shell am broadcast -a com.bytedance.raphael.ACTION_PRINT -f 0x01000000
```

这一步后，就会在调用 Raphael.start 时设置的目录下生成当前的内存分配记录文件，我们可以通过 adb pull 导出该文件到计算机上。

```
adb pull /storage/emulated/0/Android/data/top.shixinzhang.performance/files/
native_leak .
```

然后使用 MemoryLeakDetector 提供的 Python 脚本进行数据聚合分析，脚本的参数如下。

```
##    -r: 日志路径，必需，手机端生成的 report 文件
##    -o: 输出文件名，非必需，默认为 leak-doubts.txt
##    -s: 符号表目录，非必需，有符号化需求时可传入，符号表文件需跟 .so 文件同名，如
lib×××.so，多个文件需放在同一目录下
python3 memory-leak-detector/library/src/main/python/raphael.py -r native_leak/
report -o leak-result-256.txt
```

执行完这个脚本，我们就可以得到 APP 当前的内存分配记录数据。

```
    513,187,022    totals
268,984,320    libtest_leak.so
 31,034,050    libhwui.so
  1,822,644    libandroid_runtime.so
211,346,008    extras
```

```
0xb400006f0e498000, 268435456, 1
0x0000000000017704
/data/app/~~mNBCozUcn8AWo8zkLp0rRw==/top.shixinzhang.performance-i7RI4VOWN2-
1qlVXpsDFnQ==/base.apk!/lib/arm64-v8a/libtest_leak.so (unknown)
0x00000000000175b0
/data/app/~~mNBCozUcn8AWo8zkLp0rRw==/top.shixinzhang.performance-i7RI4VOWN2-
1qlVXpsDFnQ==/base.apk!/lib/arm64-v8a/libtest_leak.so (unknown)
0x00000000000b1814 /apex/com.android.runtime/lib64/bionic/libc.so (__pthread_
start(void*) + 268)
0x00000000000512f4 /apex/com.android.runtime/lib64/bionic/libc.so (__start_thread + 68)
```

可以看到，我们在 libtest_leak.so 里模拟的 256MB 内存泄漏的确被发现了。接下来我们来

看一下 MemoryLeakDetector 的实现原理。

◆ MemoryLeakDetector 是如何检测 Native 内存泄漏的?

之前我们通过如下代码模拟了 Native 内存泄漏:

```
static void test_memory_leak() {
    char* p = static_cast<char *>(malloc(256 * 1024 * 1024));
    LOG("test_memory_leak >>> p address %p, p1: %d, p10: %d", p, p[1], p[10]);
}
```

为什么这样就会导致 Native 内存泄漏呢? 这是因为在 C/C++ 程序中, 没有 Java 程序那样的自动 GC 机制, 内存的分配和释放需要由程序员自己完成。我们只通过 malloc 分配了内存却没有释放, 就会导致这部分内存始终处于被使用状态, 无法被再次使用, 这就是我们常说的"Native 内存泄漏"。

◆ Native 内存分配和释放的 API

因此, 要检测 Native 内存泄漏, 就需要对调用内存分配和释放的 API 的代码做监控, 找到分配了内存后却始终没有释放内存的代码。MemoryLeakDetector 监控了 App 对这些 API 的调用。

```
static const void *sPltGot[][2] = {{
            "malloc",(void *) malloc_proxy
    },{
            "calloc",(void *) calloc_proxy
    },{
            "realloc",(void *) realloc_proxy
    },{
            "memalign",(void *) memalign_proxy
    },{
            "free",(void *) free_proxy
    },{
            "mmap",(void *) mmap_proxy
    },{
            "mmap64",(void *) mmap64_proxy
    },{
            "munmap",(void *) munmap_proxy
    },{
            "pthread_exit",(void *) pthread_exit_proxy
    }
};
```

其中 malloc、calloc、realloc、memalign、mmap、mmap64 是内存分配 API。Android 上常见的 Native 内存分配 API 的名称和优缺点如表 5-3 所示。

表 5-3　Android 上常见的 Native 内存分配 API 的名称和优缺点

API 名称	优　　点	缺　　点
malloc	使用方便： 根据分配内存大小自动使用不同实现	需要手动初始化为 0
calloc	为数组初始化时比较方便； 自动初始化为 0	会立刻使用物理内存
realloc	调整已分配的内存空间大小，结合 malloc_usable_size 确认	—
memalign	内存对齐	—
mmap	使用范围广：可私有、可多进程共享，可创建匿名内存、 文件映射； 适合大内存的分配	分配小内存时容易有碎片
alloca	栈上分配内存；自动回收	容易导致栈溢出； 需要手动初始化为 0； 不能返回错误信息
变长数组	比 alloca 生命周期短	只能用于分配数组

　　Android Native 内存分配 API 主要有表 5-3 所示的这几种，其中使用得比较多的是 malloc，API 如下所示。

```
#include <stdlib.h>
void *malloc(size_t size);
```

　　malloc 的作用是在堆上分配内存，参数是要分配的字节数，返回分配的地址。在使用前，需要通过 memset 初始化分配的内存，否则可能会出现未知的问题。

```
#include <string.h>
void *memset(void *s, int c, size_t n);
```

　　为了提升内存分配的性能，malloc 会提供一个内存缓存池，调用 malloc 时会先从内存缓存池里查找是否有剩余可用内存，如果没有才申请内存，并且会分配较大的空间。

　　calloc 主要用于在堆上为数组分配内存，会把分配的所有字节设置为 0（其他 API 一般需要手动设置为 0）。API 如下所示，第一个参数是数组的长度，第二个参数是每个元素的 SIZE。

```
#include <stdlib.h>
void *calloc(size_t nmemb, size_t size);
```

　　realloc 用于调整已分配内存空间的大小，如果要扩张内存容量，并且当前的地址后没有足够的连续内存，就会重新分配一块内存空间，再把之前的数据复制过来，这时会返回新内存地址，否则返回的还是之前的内存地址。API 如下所示，第一个参数是通过 malloc、calloc、realloc 等函数返回的指针，第二个是调整后的内存大小。

```
#include <stdlib.h>
void *realloc(void *ptr, size_t size);
```

　　memalign 主要用于调整内存地址的基数，一般内存地址是 8 的整数倍，通过 memalign 可以调整地址边界，但要求边界需要是 2 的次方。业务开发中使用不太多。可实现内存对齐，类似的 API 还有 posix_memalign。

```
#include <malloc.h>
void *memalign(size_t alignment, size_t size);

#include <stdlib.h>
int posix_memalign(void **memptr, size_t alignment, size_t size);
```

malloc、calloc、realloc 和 memalign 主要在堆上分配内存，如果内存只在函数里使用，使用后即可释放，可以使用 alloca 和变长数组。它们会在栈上分配内存，在函数执行完栈退出后会自动释放内存。API 如下所示。

```
#include <alloca.h>
void *alloca(size_t size);
```

mmap（mmap64 是用于 64 位系统的）的功能非常强大，可以用于创建匿名内存、文件映射、共享内存等。它分配的内存在堆外的内存映射区，主要用于大内存分配，因为分配的最小单位是 page（页）。API 如下所示：第一个参数是指定的映射的地址（如果传递 null，就会由内核选择一块内存）；第二个参数是要分配的内存大小；第三个参数是内存的权限（主要包括可读、可写、可执行等权限，可以是多个权限值的或值，表示同时具备多种权限）；第四个参数很关键，表示这个内存是否可多进程共享以及是否需要映射文件（创建匿名内存、文件映射以及共享内存的区别主要体现在这个参数）；如果需要映射文件，第五个参数则是要映射的 FD；第六个参数用于指定从文件的多少偏移量开始映射。

```
#include <sys/mman.h>
void *mmap(void *addr, size_t length, int prot, int flags,
        int fd, off_t offset);
```

需要注意的是，calloc 和 realloc 底层会调用 malloc 实现，而当我们使用 malloc 时，如果分配的内存大于指定的阈值（默认值是 128KB 或者 256KB，取决于内存分配器的实现，比如 dlmalloc 中 MMAP_THRESHOLD 为 256KB，这个阈值可以通过 mallopt 修改），就会使用 mmap 实现，否则会使用 brk（通过调整数据段的大小分配内存，业务代码一般很少直接调用）实现，见图 5-21。

除 了 监 控 分 配 内 存 的 API，MemoryLeakDetector 还监控了两个释放内存的 API，如表 5-4 所示。

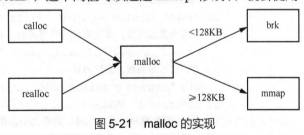

图 5-21　malloc 的实现

表 5-4　Native 内存释放 API

API 名称	使 用 场 景
free	释放 malloc、calloc、realloc 等分配的内存
munmap	释放 mmap 映射的内存。如果有脏页，会写回

free 用于释放 malloc、calloc、realloc 等 API 在堆上分配的内存，在调用后不会立刻释放这部分内存，而是会通过一个缓存列表将其保存起来，后面调用 malloc 等 API 时会先从这里找是否有可用的内存。API 如下所示，参数是内存的地址指针。

```
#include <stdlib.h>
void free(void *ptr);
```

munmap 用于释放 mmap 映射的内存，如果是基于文件的映射并且内存中的数据和文件不一致，会先同步数据到文件上。释放后再访问这部分内存，会导致 SIGSEGV 异常。API 如下所示，第一个参数是 mmap 返回的地址，第二个参数是要释放的内存大小，一般就是 mmap 分配的内存大小。

```
#include <sys/mman.h>
int munmap(void *addr, size_t len);
```

◆ MemoryLeakDetector 内存分配代理函数原理

MemoryLeakDetector 通过 PLT Hook 和 Inline Hook 技术代理了 App 对内存分配和内存释放函数的调用，在内存分配的代理函数中做了如下事。

1. 判断要分配的内存是否超出监控阈值，未超出就直接调用原始函数。

2. 若超出监控阈值，则触发代理逻辑。

3. 通过 pthread_setspecific 设置一个线程独享的标记，避免 malloc 底层调用到 mmap 后多次统计数据。

4. 调用原始函数分配内存，保存返回的内存地址。

5. 抓取调用堆栈。

6. 将分配的地址、调用堆栈和内存大小保存到分配记录缓存中。

我们结合 malloc 的代理函数来分析。

```
//library/src/main/cpp/HookProxy.h
static void *malloc_proxy(size_t size) {
    //limit 是初始化 SDK 时设置的监控阈值
    //pthread_getspecific 获取当前线程中 key 为 guard 的变量，首次调用时为 0
    if (isPss && size >= limit && !(uintptr_t) pthread_getspecific(guard)) {
        // 超出监控阈值，且没有执行代理函数，先设置标记位为 1
        pthread_setspecific(guard, (void *) 1);
        // 调用原始函数，分配内存
        void *address = malloc_origin(size);
        if (address != NULL) {
            // 获取堆栈，并把地址、内存大小、堆栈保存到分配记录缓存中
            insert_memory_backtrace(address, size);
        }
        // 逻辑结束，恢复标记位
        pthread_setspecific(guard, (void *) 0);
        return address;
    } else {
        // 没有超出监控阈值，直接调用原始函数
```

```
        return malloc_origin(size);
    }
}
```

该代理函数首先判断了本次要分配的内存是否达到监控阈值，这个阈值可以在 SDK 初始化时设置，一般不会设置得很低（比如 1MB 以上），否则会由于频繁触发获取堆栈导致 App 卡顿。

接着通过 pthread_getspecific 获取当前线程是否正在执行内存代理函数，首次执行的话，立即设置重入标记位为 1，以避免二次进入。前面我们了解到，在 calloc、realloc 中可能会调用 malloc，malloc 分配大内存时会调用 mmap，有可能出现一次内存分配调用多个代理函数的情况，所以需要做重入处理。pthread_getspecific 和 pthread_setspecific 用于 Native 线程内部的变量设置、获取，作用类似于 Java 的 ThreadLocal 类。

然后调用原始 malloc 函数，分配需要的内存。分配成功后返回的地址不为空，这时就会获取堆栈。最后保存这次的内存分配数据（内存地址、内存大小、堆栈）。

在这些逻辑中，比较重要的是获取 Native 调用堆栈。获取 Native 堆栈是一个复杂的过程，需要区分手机的 CPU 架构，我们来了解 MemoryLeakDetector 在 64 位设备上是如何做栈回溯的。

◆ **获取 Native 调用堆栈**

在 Linux 中，每个线程会有自己的栈区，在函数执行时会创建栈帧，在其中保存着每一帧执行的函数地址、局部变量、寄存器状态等数据，其中包括当前指向的指令地址和 caller（调用当前函数的函数）的地址等信息。在函数执行时如果调用其他函数，会将当前 fp 和 lr 寄存器的值保存到函数的栈帧中并将栈帧压入线程栈。等函数执行完，会把 caller 从栈中出栈。

因此要获取某个函数的调用栈，需要获取当前线程正在执行的栈帧信息，然后从当前栈帧中查找上一层栈帧的起始地址，以此递归，最后得到整体的调用栈。

MemoryLeakDetector 首先通过 GetStackRange 函数获取当前线程的栈空间起始地址和结束地址：

```
library/src/main/unwind64/backtrace_64.h
static inline void GetStackRange(uintptr_t *st, uintptr_t *sb) {
    void *address;
    size_t size;

    pthread_attr_t attr;
    // 获取当前线程的属性
    pthread_getattr_np(pthread_self(), &attr);
    // 获取当前线程的栈地址和栈大小
    pthread_attr_getstack(&attr, &address, &size);

    pthread_attr_destroy(&attr);

    // 计算栈顶地址和栈底地址
    *st = (uintptr_t) address + size;
    *sb = (uintptr_t) address;
}
```

在 GetStackRange 中首先通过 pthread_getattr_np 获取当前线程的属性 pthread_attr_t，它保存着某个 Native 线程的关键属性信息，包含我们需要的栈地址、栈大小以及 guard（守护信息）页大小、调度优先级等信息。

```
typedef struct {
    uint32_t flags;
    void* stack_base;
    size_t stack_size;
    size_t guard_size;
    int32_t sched_policy;
    int32_t sched_priority;
#ifdef __LP64__
    char __reserved[16];
#endif
} pthread_attr_t;
```

然后通过 pthread_attr_getstack 获取当前线程的栈地址和栈大小，栈地址与栈大小加起来就是栈顶地址。在进程的内存地址空间中，栈空间是从高地址向低地址增长的，所以栈顶是高地址。

获取到当前线程栈的起始地址和结束地址后，下一步就是在这个地址范围内，从当前栈帧向前递归出栈。

每个栈帧中会保存 sp（stack pointer，栈指针）寄存器、fp（frame pointer，函数栈帧指针）寄存器和 lr（Link register，连接寄存器）（用于获取 pc 地址，program counter 程序计数器）寄存器的历史值。sp 寄存器的历史值指向当前栈帧的低地址，fp 寄存器的值指向上一个栈帧的低地址（也就是上一个栈帧的 sp 值），lr 指向要执行指令的地址。在内存中，fp 和 lr 是连续的，fp 在低地址，lr 在高地址，我们可以通过 fp 计算出 lr（见图 5-22）。因此，栈回溯的核心就是通过 sp 和 fp 确定当前栈帧的起始地址和结束地址，通过 lr 获取到每一帧执行的函数的名称。

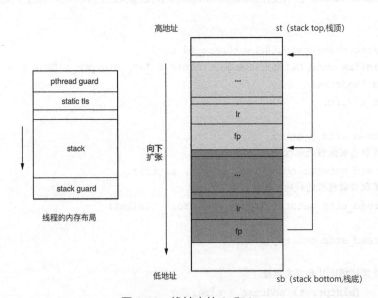

图 5-22　栈帧中的 fp 和 lr

```
//library/src/main/unwind64/backtrace_64.cpp
size_t unwind_backtrace(uintptr_t *stack, size_t max_depth) {

// 获取当前线程栈的栈底地址 sb 和栈顶地址 st

    auto fp = (uintptr_t) __builtin_frame_address(0);
    // 当前函数的栈帧地址 , 0x7fdeff9e10
    auto caller_fp = (uintptr_t) __builtin_frame_address(1);

    void *dl_cache = nullptr;
    size_t depth = 0;
    uintptr_t pc = 0;
    while (isValid(fp, st, sb) && depth < max_depth) {
        // 获取上一个栈帧的 lr
        uintptr_t tt = *((uintptr_t *) fp + 1);

        // 上一个栈帧的低地址
        uintptr_t pre = *((uintptr_t *) fp);
        if (pre & 0xfu || pre < fp + kFrameSize) {
            break;
        }
        if (tt != pc) {
            // 只保存每一层栈帧的 pc, 具体解析留待数据查询时进行
            stack[depth++] = tt;
            printStack(tt, &dl_cache);
        }
        // 更新 pc, 避免重复
        pc = tt;
        // 更新栈底地址
        sb = fp;
        // 移动到上一个栈帧的地址
        fp = pre;
    }
    return depth;
}
```

如上面的代码所示，在获取到当前线程栈的栈底地址 sb 和栈顶地址 st 后，在 MemoryLeakDetector 的 arm64 堆栈获取函数中，还做了如下事情。

1. 通过 __builtin_frame_address(0) 获取正在执行的函数的栈帧 fp 寄存器的值。
2. 获取当前栈帧的 pc 地址，将其保存到数组中。
3. 获取上一个栈帧的 fp，更新 sb 为当前 fp。
4. 递归直到超出线程栈的范围。

__builtin_frame_address 是一种内建函数，通过它我们可以获取到函数的栈帧地址，当处理器内有 fp 寄存器时，fp 寄存器会指向当前正在执行的函数的栈帧地址。参数为 0 时表示获取当前函数的栈帧起始地址，参数为 1 时表示获取当前函数的调用者栈帧的起始地址。

备注: arm64 中 lr = pc + 4，这里我们可以简单将 lr 等同为 pc。

为了帮助理解，接下来会通过一些内存地址论证我们前面学到的内容，主要包括 adb shell cat /proc/${pid}/maps 获取到的进程内存空间数据和本地运行时 unwind_backtrace 函数中一些变量的内存地址。首先列出几个 maps 相关数据：

```
6f7b298000-6f7b2e2000 r-xp 00000000 fe:1d 2307        /data/app/.../libraphael.so
7fde802000-7fdf001000 rw-p 00000000 00:00 0                      [stack]
```

上面的数据是 libraphael.so（MemoryLeakDetector 的动态库）和栈空间的内存地址范围。记住这 2 个数据，后面我们会用到。

在本地打印时，获取到的调用 malloc 的线程的栈地址范围为：0x7fde803000（sb）-0x7fdf001000（st）。通过 __builtin_frame_address(0) 获取到的当前栈帧的起始地址为 0x7fdeff9e10，__builtin_frame_address(1) 获取到的上一个栈帧的起始地址为 0x7fdeff9ee0。可以看到当前函数的栈帧地址和上一个函数的栈帧地址，都在线程的栈地址范围（7fde802000-7fdf001000，上面 maps 中获取到的数据）内，符合预期。同时上一个函数的栈帧地址比当前函数的栈帧地址大，印证了前面提到的栈空间是从高位地址往低位地址扩张的，符合预期。

通过 uintptr_t tt = *((uintptr_t *) fp + 1) 获取到的上一个栈帧的 pc 地址为 0x6f7b2bc354，从上面 maps 中获取到的数据可以看到，这个地址落入了 libraphael.so 的地址范围（6f7b298000-6f7b2e2000），由于这个 pc 指向的就是 MemoryLeakDetector 的获取堆栈函数，所以符合预期。

然后通过 uintptr_t pre = *((uintptr_t *) fp) 获取到的上一个栈帧的地址为 0x7fdeff9ee0，和 __builtin_frame_address(1) 返回的地址一致，符合预期。然后更新 fp，向前递归查找，直到回溯完这个线程的所有栈帧，并把所有栈帧的 pc 保存到一个数组中。

在这一步后，我们获取了当前线程所有栈帧的 pc 地址，但还没有拿到 pc 对应的动态库和函数名称。为了节省性能，MemoryLeakDetector 把地址解析延迟到输出数据时。我们来看看 MemoryLeakDetector 是如何通过 pc 获取对应的函数名称的。

```
library/src/main/cpp/MemoryCache.cpp
void write_trace(FILE *output, AllocNode *alloc_node, MapData *map_data,
            void **dl_cache) {
    fprintf(output, STACK_FORMAT_HEADER, alloc_node->addr, alloc_node->size);
    for (int i = 0; alloc_node->trace[i] != 0; i++) {
        uintptr_t pc = alloc_node->trace[i];
        Dl_info info;
        if (0 == xdl_addr((void *) pc, &info, dl_cache) || (uintptr_t) info.
            dli_fbase > pc) {
            fprintf(
                    output,
                    STACK_FORMAT_UNKNOWN,
                    pc
            );
        } else {
            if (nullptr == info.dli_fname || '\0' == info.dli_fname[0]) {
                fprintf(
```

```
                                        output,
                                        STACK_FORMAT_ANONYMOUS,
                                    pc - (uintptr_t) info.dli_fbase,
                                    (uintptr_t) info.dli_fbase
                        );
                } else {
                    if (nullptr == info.dli_sname || '\0' == info.dli_sname[0]) {
                        fprintf(
                                output,
                                STACK_FORMAT_FILE,
                                pc - (uintptr_t) info.dli_fbase,
                                info.dli_fname
                        );
                    }
                    //...
                }
            }
        }
    }
```

从上面的代码中我们可以看到，在获取调用栈名称时，遍历了这个调用栈的所有 pc 地址，对每个 pc 调用 xdl_addr 函数，最终调用到 Linux 的 dladdr 函数，dladdr 函数用于将地址翻译为符号信息，API 如下。

```
#include <dlfcn.h>
int dladdr(const void *addr, Dl_info *info);
```

第一个参数是 pc 地址，第二个参数是翻译后的信息。

```
typedef struct {
  // 包含地址的 .so 文件的路径
  const char* dli_fname;
    //.so 文件在内存中的基地址
  void* dli_fbase;
  // 距离地址最近的符号名称
  const char* dli_sname;
   //dli_sname 符号的精确地址
  void* dli_saddr;
} Dl_info;
```

执行 dladdr 后会从当前进程加载的共享库里查找包含这个地址的符号，然后把符号信息保存到传入的 Dl_info 中。如果这个地址在匿名内存中，则 dli_fname 为空；如果在动态库（.so 文件）中，则 dli_fname 不为空，且 dli_fbase 会保存动态库的基地址。如果在动态库中能找到和 pc 地址接近的符号，dli_sname 就不为空，我们就得到了精确的符号名（也就是函数名）；否则通过 pc 减去 dli_fbase，得到这个地址在动态库中的偏移。

通过 Dl_info 的信息我们就能得到一个完整的 Native 调用堆栈，包括地址偏移、动态库全路径、符号名称和符号偏移 4 个部分：

```
0x000000000004cba0 /apex/com.android.art/lib64/libc++.so (operator new(unsigned long) + 28)
```

到这里我们就了解了 MemoryLeakDetector 是如何检测内存分配和获取到内存分配堆栈的，接下来我们来看一下它在内存释放代理函数中做了什么。

◆ **MemoryLeakDetector 内存释放代理函数原理**

前面提到，内存泄漏的判断标准就是内存在分配后有没有释放。MemoryLeakDetector 在内存分配代理函数中把分配的地址、堆栈和内存大小保存到了记录中。

内存释放代理函数做了如下事。

1. 判断线程独享的标记，避免重入。
2. 调用原始函数释放内存。
3. 通过释放的内存地址，移除内存分配记录中相应的记录。

```
//library/src/main/cpp/Cache.h
struct AllocNode {
    uint32_t size;
    uintptr_t addr;
    uintptr_t trace[MAX_TRACE_DEPTH];
    AllocNode *next;
};
    AllocNode *alloc_table[ALLOC_INDEX_SIZE];
```

如上面的代码所示，内存分配记录保存在一个链表中，每个节点是一个 AllocNode 结构体。

```
//library/src/main/cpp/MemoryCache.cpp
void MemoryCache::remove(uintptr_t address) {
    uint16_t alloc_hash = (address >> ADDR_HASH_OFFSET) & 0xFFFF;
    if (alloc_table[alloc_hash] == nullptr) {
            return;
    }

    pthread_mutex_lock(&alloc_mutex);
    AllocNode *p = remove_alloc(&alloc_table[alloc_hash], address);
    pthread_mutex_unlock(&alloc_mutex);

    if (p != nullptr) {
            alloc_cache->recycle(p);
    }
}
```

在内存释放代理函数中，MemoryLeakDetector 调用了内存分配记录的移除函数。先通过地址的哈希值得到该在链表中的索引，然后从索引对应的桶里遍历查找地址和释放内存地址一致的节点，将其移除并放入对象池。

```
inline AllocNode *remove_alloc(AllocNode **header, uintptr_t address) {
    AllocNode *hptr = *header;
    if (hptr == 0) {
        return nullptr;
    } else if (hptr->addr == address) {
        AllocNode *p = hptr;
        *header = p->next;
        return p;
    } else {
        AllocNode *p = hptr;
        while (p->next != nullptr && p->next->addr != address) p = p->next;
        AllocNode *t = p->next;
        if (t != nullptr) {
            p->next = t->next;
        }
        return t;
    }
}
```

可以看到，MemoryLeakDetector 的缓存数据结构是使用数组加链表，有些类似 Java HashMap 的数据结构，查找效率较好。同时使用的固定大小缓存池，既限制了监控的整体内存使用，也降低了监控本身的内存分配、释放的频率，减少性能影响。

◆ **小结**

到这里我们就理解了 MemoryLeakDetector 的 Native 内存泄漏监控方法，简单概括如下。

1. 通过代理 App 的 Native 内存分配、内存释放 API，拦截所有内存操作。

2. 在分配 Native 内存时，如果超出阈值，就递归当前线程栈帧的 fp，保存 pc 到数组中，并把分配的内存地址、大小和 pc 数组保存到缓存记录中。

3. 在释放 Native 内存时，在缓存记录里快速找到地址对应的数据并移除。

4. 在输出内存分配信息时，通过 dladdr 还原所有内存分配记录的堆栈信息。

这样在内存分配记录中剩下的就是分配后未释放的 Native 内存，也就是泄漏的内存。

通过 MemoryLeakDetector 这个库，我们可以学到如下知识。

1. Native 内存分配、内存释放的 API 有哪些，各自的使用场景是什么。

2. 如何通过 pthread_setspecific、pthread_getspecific 设置线程局部变量，避免方法重入。

3. 如何获取线程调用栈，包括通过 pthread_getattr_np 获取线程属性，通过 pthread_attr_getstack 获取线程栈地址和栈大小，线程栈地址范围的计算方法，栈帧的主要内容等。

4. 如何使用 maps，如何通过 pc 地址查看所属 .so 文件。

5. 如何根据 pc 地址获取对应的函数名称。

5.4.3　图片内存问题分析、定位

前面我们了解了 Java 内存问题和 Native 内存问题的分析、定位方法，日常开发中还有一

种频频出现且介于两类问题之间的问题：图片内存问题。由于图片动辄占用数兆内存，经常成为 App 的内存消耗主力，拿小米 12 来说，一张分辨率为 3200 像素 ×1440 像素，覆盖全屏的图片至少要占用 17MB 的内存。如果缓存里多几张图片，很容易占用上百兆的内存。

我们在做内存优化时需要具备图片的监控和分析技巧，这样才能及时发现不合理的图片内存问题。

当通过监控发现线上有如下问题时，说明可能需要进行图片内存优化。

• 创建图片导致的 OOM 较多（堆栈包含 android.graphics.Bitmap.nativeCreate）。

• OOM 增多，调用 dump hprof 后发现 Bitmap 对象占用内存很高。

• 某个业务使用图片较多，近期 GC 次数增多，内存指标抖动（升高后又降低）严重。

导致图片内存异常的问题一般如下。

• 加载的图片过大：如一次性加载多张 200MB 左右的图片，瞬间导致内存溢出。

• 图片对象泄漏：被图片缓存或者其他强引用持有过久，导致内存中的图片过多。

• 频繁创建新图片对象：缓存失效，或者图片创建逻辑异常（比如列表页快速滑动的同时加载大量图片）。

第一种问题发生时，崩溃堆栈或者引用链往往是图片加载库等通用堆栈，无法直接看出问题，我们可以获取崩溃时的 hprof 文件，将其中的图片还原，通过图片内容来定位具体是哪里使用的图片不合理。

要解决第二种问题，需要结合 Java 内存泄漏的分析手段，通过堆栈定位到不合理的引用。常见的问题是图片缓存过大、没有正确的淘汰策略，或者是在自定义 View 中持有 Bitmap 对象的引用，使用完后没有及时回收。

要解决第三种问题，一方面需要统计图片缓存命中率等数据，判断图片缓存未命中的情况是否严重，如果频繁未命中，就会导致加载过的图片重复加载；另一方面需要发现加载图片过于频繁的场景，限制加载频率，比如在快速滑动时不加载图片。

◆图片内存监控与分析的常见方案

要监控图片的使用情况，需要知道哪里创建了图片、图片有多大。目前，图片内存监控与分析的常见方案如表 5-5 所示。

表 5-5　图片内存监控与分析的常见方案

途径	方　案	原　理	优　点	缺　点
线下	调用 hprof dump 后使用 Android Studio 或者 MAT 对 hprof 文件进行分析	解析 hprof 文件，找到 Bitmap 对象	操作简单	不支持正式包；图片库相关堆栈无法直接定位业务问题
	Bitmap 图片还原	解析 hprof 文件中 Bitmap 的 mBuffer 数据，将其还原成图片文件	可以通过图片内容确定使用场景	只支持 Android 文件 8.0 以前版本
线上	AOP	编译时拦截 Bitmap 的创建代码	能获取到的信息更多；代码无侵入	兼容不同版本；编译后的代码有侵入，排查问题的成本较高
	native hook	运行时 hook Bitmap 的核心创建函数	代码无侵入	兼容不同版本

线下分析图片内存，可以通过解析 hprof 文件获取图片占用的内存。

我们可以通过 adb shell 或者 Android Studio Profiler 进行 dump hprof，然后将生成的 hprof 文件导出到计算机，使用 MAT 或者 Android Studio Profiler 解析 hprof 文件，找到其中所有的 Bitmap 对象的尺寸信息和引用链。优点是使用方便，通过 GUI（Graphical User Interface 图形用户界面）的方式就可以完成，操作简单；缺点是不支持正式包，同时对于图片库加载的图片，在引用链上只能看到图片库的代码，无法直接定位到业务问题。

解决办法是对 hprof 文件中的数据进行进一步处理，将 Bitmap 对象的像素数据按照某种图片的格式（比如 .png 或者 .bmp）写到文件中，还原对应的图片内容，这样就可以通过图片内容确定哪个业务使用了该图片，这种方案的缺点是只支持 Android 文件 8.0 以前的版本（Android 系统在 8.0 版本后对图片内存存储策略有所调整，后文会详细介绍）。

```
BufferedImage image = new BufferedImage(width, height, BufferedImage.
TYPE_4BYTE_ABGR);
        for (int row = 0; row < height; row++) {
            for (int column = 0; column < width; column ++) {
                // 遍历每一行的每个点
                int offset = 4 * (row * width + column );

                if (data != null && offset < mBuffer.length - 4) {
                    int byte3 = 0xff & mBuffer[offset++];
                    int byte2 = 0xff & mBuffer[offset++];
                    int byte1 = 0xff & mBuffer[offset++];
                    int byte0 = 0xff & mBuffer[offset++];

                    //ARGB
                    int alpha = byte0;
                    int red = byte1;
                    int green = byte2;
                    int blue = byte3;

                    // 和 Android SDK 的 Color.argb 一样
                    int pixel = (alpha << 24) | (blue << 16) | (green << 8) | red;

                    image.setRGB(column, row, pixel);
                }
            }
        }
```

上面的代码就是图片还原的核心实现。如图 5-23 所示，图片数据本质上就是多行多列的字节数组，图片还原的原理就是遍历图片字节数组的每一行，将行中的所有像素的色值读取出来，将其写入目标图片文件。

线上分析图片内存，可以通过拦截创建图片的 API 获取图片占用内存。拦截的方式有两种：编译时 AOP 拦截和运行时 native hook。

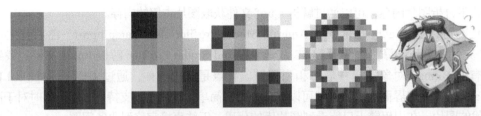

图 5-23　图片即像素值数组

编译时 AOP（Aspect Oriented Programming，面向切面编程）拦截是指在打包时修改所有调用 Android SDK 图片创建 API 的代码，替换为代理实现，在其中记录图片的大小、堆栈，同时可以结合布局的尺寸做图片是否过大的判断。优点是可以获取的信息比较多，能结合布局信息判断；缺点是需要拦截的 API 过多（Android SDK 中很多 API 最终都会执行图片创建，后文会详细介绍），在运行时如果有相关问题，无法直接从源码看出问题，需要反编译 App。

比起编译时拦截众多的 Java API 调用，更加简单的是运行时 hook Bitmap 的核心创建函数。图片创建的 Java API 最终都会执行到极少的 native 方法，这种方式对代码的侵入最小，但缺点是需要兼容不同版本，对技术的考验较大。

本节我们来实现一个图片监控器，通过实现这个功能掌握 Android Bitmap 创建、释放的原理。要实现的核心功能如下。

- 支持获取到内存中的 Bitmap 数量及占用内存。
- 能够查看 Bitmap 创建堆栈及线程。
- 能够灵活开关，可以在任意时间开始和结束。

目标和功能确认后，接下来我们需要逐步拆分实现方法，如下。

1. 找到图片创建的关键流程、关键函数，进行 hook。

2. 在代理函数中当图片的大小超出阈值，获取图片的宽高、格式和堆栈，并保存。

3. 找到图片释放的关键状态，在释放后将图片创建记录从缓存中移除。

4. 在业务调用结束后，给出“泄漏”的图片信息。

拆解功能后我们会发现，这和 5.4.2 节介绍的 MemoryLeakDetector 的思路很接近，其实监控的逻辑都是相似的，深入掌握其中一种后，其他的也就触类旁通。

◆ 图片创建的关键流程及获取图片创建数据

首先我们来了解图片创建的关键流程。

在日常开发中，我们可能会通过如下 API 创建图片。

1. 解码本地图片、网络图片：BitmapFactory 的 decodeResource、decodeFile、decodeStream。

2. 设置图片：ImageView 的 setImageResource、setImageBitmap、setImageDrawable。

3. 根据已有图片创建新图片：Bitmap 的 createBitmap。

4. 通过资源 ID 获取 Drawable：getResources().getDrawable(R.mipmap.logo)。

5. 加载超大图：BitmapRegionDecoder。

```
private void testCreateBitmap() throws Exception{
    //1. 通过 BitmapFactory 解码本地图片、网络图片
    File diskImage = new File(getExternalCacheDir(), "shixin.png");
    Bitmap bitmap = BitmapFactory.decodeFile(diskImage.getAbsolutePath());
```

```
URL url = new URL("www.***.com");
bitmap = BitmapFactory.decodeStream(url.openStream());

bitmap = BitmapFactory.decodeResource(getResources(), R.mipmap.
        logo_pixelated_1);
```

//2. 设置图片
```
ImageView imageView = findViewById(R.id.iv_logo_pixelated_0);

imageView.setImageDrawable(new BitmapDrawable(bitmap));
imageView.setImageResource(R.mipmap.logo_pixelated_0);

ImageView imageView2 = findViewById(R.id.iv_logo_pixelated_1);
imageView2.setImageBitmap(bitmap);
```

//3. 根据已有图片创建新图片
```
int bitmapWidth = bitmap.getWidth();
int bitmapHeight = bitmap.getHeight();

int numPixels = bitmapWidth * bitmapHeight;
int[] pixels = new int[numPixels];
bitmap.getPixels(pixels, 0, bitmapWidth, 0, 0, bitmapWidth,
                bitmapHeight);

Bitmap copyBitmap = Bitmap.createBitmap(bitmapWidth, bitmapHeight,
                Bitmap.Config.ARGB_8888);
copyBitmap.setPixels(pixels, 0, bitmapWidth, 0, 0, bitmapWidth,
                bitmapHeight);
```

//4. 通过资源 ID 获取 Drawable
```
Drawable drawable = getResources().getDrawable(R.mipmap.logo_
                pixelated_2);
```

//5. 加载超大图
```
BitmapRegionDecoder bitmapRegionDecoder = BitmapRegionDecoder.
                newInstance(diskImage.getAbsolutePath(), false);
Rect rect = new Rect();        // 这里指定要解码的区域
BitmapFactory.Options options = new BitmapFactory.Options();
Bitmap decodeRegionBitmap = bitmapRegionDecoder.decodeRegion(rect,
                        options);
}
```

这些方法最终会通过 JNI 调用到 Bitmap.cpp 的 Bitmap_creator 方法，在这个方法里完成图片的解码和 Bitmap 对象创建，这个方法的实现在 Android 8.0 前后有所区别。

为了减少图片对 App 内存的影响，Android 系统在不同版本上做过如下调整。

1. 在 Android 8.0 以前，图片的宽高数据和像素数据都保存在 Java 层。

2. 从 Android 8.0 开始，Java 层只保存图片的宽高数据，图片的像素数据保存在 Native 层，不再占用 Java Heap 内存。

如图 5-24 所示，左边是 Android 7.1.2 的 Bitmap 类，我们可以看到它有一个 mBuffer 变量，用于保存图片数据；从 Android 8.0.0 开始，这个变量被移除了，带来的好处是 Android 8.0 及以后的设备上出现 Java OOM 的概率大大降低。不过 OOM 只是众多内存问题中最明显的一个，Android 8.0 及以后的设备使用图片不当还是会存在物理内存使用过多、位于后台时容易被 LMK 强制关闭的问题。

图 5-24　Android 7.1.2 和 Android 8.0.0 的 Bitmap 类

Android 8.0 以前，Bitmap_creator 会调用 GraphicsJNI::allocateJavaPixelRef 在 Java 堆中分配内存，以 Android 7.1.2 为例。

```
//frameworks/base/core/jni/android/graphics/Bitmap.cpp
static jobject Bitmap_creator(JNIEnv* env, jobject, jintArray jColors,
                             jint offset, jint stride, jint width, jint height,
                             jint configHandle, jboolean isMutable) {
    //...
    Bitmap* nativeBitmap = GraphicsJNI::allocateJavaPixelRef(env, &bitmap, NULL);
    if (!nativeBitmap) {
        return NULL;
    }
```

```
    //...

    return GraphicsJNI::createBitmap(env, nativeBitmap,
            getPremulBitmapCreateFlags(isMutable));
}


//frameworks/base/core/jni/android/graphics/Graphics.cpp
android::Bitmap* GraphicsJNI::allocateJavaPixelRef(JNIEnv* env, SkBitmap* bitmap,
                                                    SkColorTable* ctable) {
    //...
    const size_t rowBytes = bitmap->rowBytes();

    // 这里分配内存
    jbyteArray arrayObj = (jbyteArray) env->CallObjectMethod(gVMRuntime,
                    gVMRuntime_newNonMovableArray, gByte_class, size);
    //...

    // 创建 Native 侧 Bitmap
    android::Bitmap* wrapper = new android::Bitmap(env, arrayObj, (void*) addr,
                            info, rowBytes, ctable);
    wrapper->getSkBitmap(bitmap);
    bitmap->lockPixels();

    return wrapper;
}
```

上面的代码通过调用 gVMRuntime 的 gVMRuntime_newNonMovableArray 函数完成了在 Java 堆上分配内存以保存图片像素数据。其中 gVMRuntime 属于 dalvik/system/VMRuntime 类，gVMRuntime_newNonMovableArray 是 VMRuntime 的 newNonMovableArray 方法。

```
//libcore/libart/src/main/java/dalvik/system/VMRuntime.java
// 返回一个在 Java 堆上分配的数组
// 用于实现在 native 层申请分配 Java 堆，比如 DirectByteBuffer 和图片
    public native Object newNonMovableArray(Class<?> componentType, int length);
```

从 VMRuntime 的 newNonMovableArray 方法注释上我们就能看出，的确是从 Java 堆上分配一块内存。

分配完内存后，会调用到 GraphicsJNI::createBitmap 方法，在其中创建 Java 的 Bitmap（android/graphics/Bitmap）对象。

```
//frameworks/base/core/jni/android/graphics/Graphics.cpp
jobject GraphicsJNI::createBitmap(JNIEnv* env, android::Bitmap* bitmap,
                            int bitmapCreateFlags,
                            jbyteArray ninePatchChunk,
                            jobject ninePatchInsets, int density) {
    //...
```

```
// 调用构造方法，创建 Bitmap 对象
jobject obj = env->NewObject(gBitmap_class, gBitmap_constructorMethodID,
                reinterpret_cast<jlong>(bitmap), bitmap->javaByteArray(),
                bitmap->width(), bitmap->height(), density, isMutable,
                isPremultiplied, ninePatchChunk, ninePatchInsets);

return obj;
}
```

上面的代码通过 env->NewObject(gBitmap_class, gBitmap_constructorMethodID,…) 调用了 android/graphics/Bitmap 的构造方法。

```
//frameworks/base/graphics/java/android/graphics/Bitmap.java
// 私有构造函数，必须接收一个分配好的 native bitmap 对象指针
// called from JNI
Bitmap(long nativeBitmap, byte[] buffer, int width, int height, int density,
        boolean isMutable, boolean requestPremultiplied,
        byte[] ninePatchChunk, NinePatch.InsetStruct ninePatchInsets) {

    mWidth = width;
    mHeight = height;
    //...
    mBuffer = buffer;

    //...

    mNativePtr = nativeBitmap;
    //...
    NativeAllocationRegistry registry = new NativeAllocationRegistry
                                (Bitmap.class.getClassLoader(),
                                nativeGetNativeFinalizer(),
                                nativeSize);
    registry.registerNativeAllocation(this, nativeBitmap);
}
```

可以看到，Java Bitmap 的构造方法的第二个参数就是像素数据，也就是将 Native 侧构造的数据传递到了 Java Bitmap 的 mBuffer 中。至此我们了解了 Android 8.0 以前 Bitmap 的创建流程，接下来了解 Android 8.0 及以后的 Bitmap 的创建流程。

在 Android 8.0 及以后，Bitmap_creator 会通过 Bitmap::allocateHeapBitmap 为像素数据分配内存。

```
//frameworks/base/core/jni/android/graphics/Bitmap.cpp
static jobject Bitmap_creator(JNIEnv* env, jobject, jintArray jColors,
                        jint offset, jint stride, jint width, jint height,
                        jint configHandle, jboolean isMutable,
```

```
                            jfloatArray xyzD50, jobject transferParameters) {
    //...

    sk_sp<Bitmap> nativeBitmap = Bitmap::allocateHeapBitmap(&bitmap, NULL);
    //...

    return createBitmap(env, nativeBitmap.release(),
                    getPremulBitmapCreateFlags(isMutable));
}


//frameworks/base/libs/hwui/hwui/Bitmap.cpp
sk_sp<Bitmap> Bitmap::allocateHeapBitmap(size_t size, const SkImageInfo& info,
                                size_t rowBytes) {
    // 直接使用 calloc 分配内存
    void* addr = calloc(size, 1);
    if (!addr) {
        return nullptr;
    }
    return sk_sp<Bitmap>(new Bitmap(addr, size, info, rowBytes));
}


//frameworks/base/libs/hwui/hwui/Bitmap.cpp
Bitmap::Bitmap(void* address, size_t size, const SkImageInfo& info,
            size_t rowBytes)
        : SkPixelRef(info.width(), info.height(), address, rowBytes)
        , mInfo(validateAlpha(info))
        , mPixelStorageType(PixelStorageType::Heap) {
    mPixelStorage.heap.address = address;
    mPixelStorage.heap.size = size;
}
```

可以看到，Bitmap::allocateHeapBitmap 中直接使用 calloc 在虚拟内存的堆中分配内存。需要注意的是，在 Native Bitmap 的构造函数中，设置的像素数据存储类型为 PixelStorageType::Heap。然后会调用到 Bitmap::createBitmap 方法，在其中创建 Java 的 Bitmap（android/graphics/Bitmap）对象。

```
//frameworks/base/core/jni/android/graphics/Bitmap.cpp
jobject createBitmap(JNIEnv* env, Bitmap* bitmap,int bitmapCreateFlags,
                jbyteArray ninePatchChunk,
                jobject ninePatchInsets,int density) {
    //...
    jobject obj = env->NewObject(gBitmap_class, gBitmap_constructorMethodID,
                reinterpret_cast<jlong>(bitmapWrapper), bitmap->width(),
                bitmap->height(), density, isMutable, isPremultipied,
                ninePatchChunk, ninePatchInsets);

    //...
```

```
        return obj;
    }
```

可以看到，Bitmap::createBitmap 和 GraphicsJNI::createBitmap 类似，都是通过 JNI 调用 Java Bitmap 的构造函数来创建 Java 对象并返回。

```
//frameworks/base/graphics/java/android/graphics/Bitmap.java
    // called from JNI
    Bitmap(long nativeBitmap, int width, int height, int density,
            boolean isMutable, boolean requestPremultiplied,
            byte[] ninePatchChunk, NinePatch.InsetStruct ninePatchInsets) {
        if (nativeBitmap == 0) {
            throw new RuntimeException("internal error: native bitmap is 0");
        }

        mWidth = width;
        mHeight = height;
        //...
        mNativePtr = nativeBitmap;
        //...
    }
```

不同点在于，Java Bitmap 的构造函数的参数里没有图片字节数组，只有 Native Bitmap 的指针和宽高等信息。

至此，我们了解了 Android 上的 Bitmap 创建流程，整个流程如图 5-25 所示。

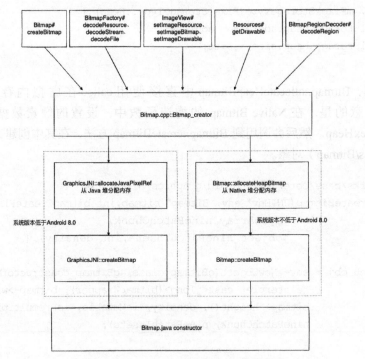

图 5-25　Android 上的 Bitmap 创建流程

通过分析 Bitmap 创建流程，我们知道了图片创建的"必经之路"。

1. 在 Android 8.0 以下，会执行到 GraphicsJNI::createBitmap。

2. 在 Android 8.0 及以上，会执行到 Bitmap::createBitmap。

因此在不同版本上分别拦截这两个函数，就可以拦截到每张图片的创建信息，获取到图片的宽高信息。

◆使用 ShadowHook 拦截图片创建函数

要拦截并修改 native 函数的执行流程，一般分为如下 3 步。

1. 确定函数所属动态库，也就是 .so 文件的名称。

2. 确定函数的名称。

3. 选择合适的框架，进行 hook。

我们要监控的函数分别为 GraphicsJNI::createBitmap 和 Bitmap::createBitmap，从它们的编译配置文件中我们可以看到，最终编译成的动态库名称为 libandroid_runtime.so。

```
//frameworks/base/core/jni/Android.mk （Android 8.0 以前）
LOCAL_MODULE:= libandroid_runtime

//frameworks/base/core/jni/Android.bp （Android 8.0 及以后）
cc_library_shared {
    name: "libandroid_runtime",
    //...
}
```

知道了函数运行时在哪个动态库里后，下一步是找到它的运行时函数符号的名称。

由于编译 C++ 代码后函数名称会被编译器修改（这个过程叫作 name mangle），所以我们在 hook 时无法直接使用代码文件中的函数名称，而要使用编译后的函数名称。我们可以使用 readelf 查看某个函数在动态库里的最终名称：

```
readelf -sW libandroid_runtime.so | grep createBitmap
```

readelf 可执行文件在 {Android SDK-path}/ndk-bundle/toolchains/ 下。

这个命令在 Android 8.0 以前会返回：

```
2264: 00000000000f5994   232 FUNC    GLOBAL DEFAULT   10 _ZN11GraphicsJNI12cr
eateBitmapEP7_JNIEnvPN7android6BitmapEiP11_jbyteArrayP8_jobjecti
```

在 Android 8.0 及以后会返回：

```
3030: 000000000013a31c   228 FUNC    GLOBAL DEFAULT   12 _ZN7android6bitmap12
createBitmapEP7_JNIEnvPNS_6BitmapEiP11_jbyteArrayP8_jobjecti
```

以 Android 8.0 及以后的返回值为例，我们来了解 readelf 执行结果的含义。

```
Num:    Value  Size Type    Bind   Vis       Ndx Name
3030: 000000000013a31c   228 FUNC    GLOBAL DEFAULT   12 _ZN7android6bitmap12
createBitmapEP7_JNIEnvPNS_6BitmapEiP11_jbyteArrayP8_jobjecti
```

- Num: 符号在 .so 文件中的序号，上面的结果表示是第 3030 个符号。
- Value：符号的地址，这里是 000000000013a31c。
- Size：符号的大小，这里是 228。
- Type：符号的类型，FUNC 表示函数；OBJECT 表示对象；FILE 表示文件；SECTON 表示段；NOTYPE 表示外部符号，不知道类型。这里是 FUNC，也就是函数。
- Bind：符号绑定类型，GLOBAL 表示全局符号，对其他文件可见，可以被导入；LOCAL 表示局部符号，只在文件内部可见；WEAK 表示弱符号，对其他文件可见，如果有重名则被覆盖。这里是 GLOBAL，也就是全局符号。
- Vis：符号可见性，主要用于判断链接时能否找到这个符号，DEFAULT 表示可见性与符号绑定类型相同；PROTECTED 表示全局可见，但不能被替换；HIDDEN 表示动态链接期间不可见。这里是 DEFAULT，也就是全局可见。
- Ndx：符号所属的段号，这里是 12。
- Name：符号名称，这里的 _ZN7android6bitmap12createBitmapEP7_JNIEnvPNS_6BitmapEiP11_jbyteArrayP8_jobjecti 就是 Bitmap::createBitmap 编译后、运行时的名称。

通过理解 readelf 的执行结果的含义，我们知道了在 Android 8.0 以前 GraphicsJNI::createBitmap 的运行时名称为 _ZN11GraphicsJNI12createBitmapEP7_ JNIEnvPN7android6BitmapEiP11_ jbyteArrayP8_jobjecti。Android 8.0 及以后的 Bitmap::createBitmap 运行时名称为 _ZN7android6bitmap12createBitmapEP7_JNIEnvPNS_6BitmapEiP11_jbyteArrayP8_jobjecti。

找到要 hook 的函数在编译后的名称后，我们可以使用 Android inline hook 库 ShadowHook 进行 hook。

ShadowHook 是蔡克伦主导、字节跳动开源的 Android inline hook 库，适配了 Thumb、ARM32 和 ARM64，支持 Android 4.1~Android 14，与其他库的不同在于支持自动完成对新加载的动态库的 hook，同时它的稳定性也在字节跳动多款头部 App 上得到验证。

要使用 ShadowHook，需要完成以下几步。

1. 在项目根目录的 build.gradle 中添加 mavenCentral 仓库。

```
allprojects {
    repositories {
        mavenCentral()
    }
}
```

2. 在项目 App 目录的 build.gradle 中添加 prefab 和依赖。

```
android {
    buildFeatures {
        prefab true
    }
}

dependencies {
    implementation 'com.bytedance.android:shadowhook:1.0.3'
}
```

Prefab 是谷歌公司提供的 C/C++ 库依赖生成工具。当我们要对外提供 native 依赖库时，可以通过 prefab 包的方式，这样在生成的 .aar 文件中会有一个 prefab 文件夹，用来保存 native 库文件和头文件，内容如图 5-26 所示。

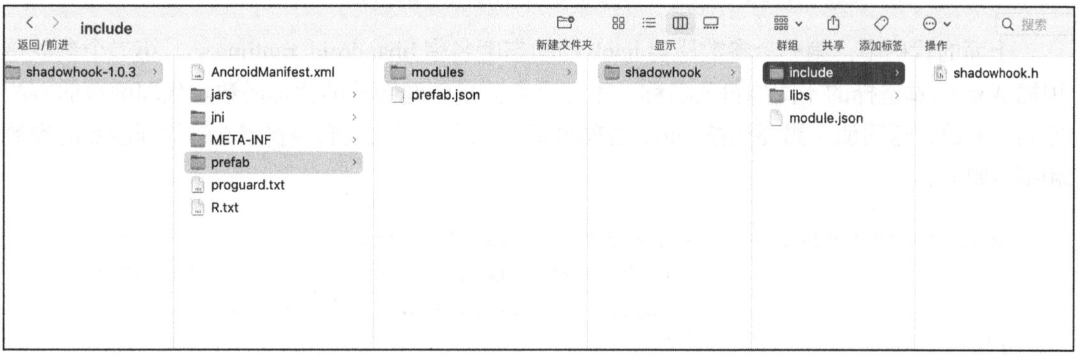

图 5-26　prefab 包在 .aar 文件中的路径及内容

在添加完依赖后执行 Gradle Sync（同步），就可以拉取到 . aar 文件。如果拉取失败并且使用的 Android Gradle Plugin 低于 7.1.0 版本，需要在 gradle.properties 文件中增加：

```
android.prefabVersion=2.0.0
```

拉取到 .aar 文件后，下一步就是在 CMakeLists.txt 文件中增加依赖：

```
find_package(shadowhook REQUIRED CONFIG)
```

```
target_link_libraries(${yourLibName} shadowhook::shadowhook)
```

添加完依赖后，下一步就是在 C/C++ 代码中使用 ShadowHook 进行 hook。ShadowHook 支持通过地址、动态库名称和符号名称等方式进行 hook，这里我们选择使用动态库和符号名称的方式，对应的 API 为 shadowhook_hook_sym_name。

首先我们在头文件中定义 3 个宏，分别表示将要 hook 的动态库名称和符号名称：

```
//Bitmap 创建的逻辑在 libandroid_runtime.so 中
#define BITMAP_CREATE_SYMBOL_SO_RUNTIME "libandroid_runtime.so"

//Android 8.0 及以后的图片创建函数符号名称
#define BITMAP_CREATE_SYMBOL_RUNTIME "_ZN7android6bitmap12createBitmapEP7_
JNIEnvPNS_6BitmapEiP11_jbyteArrayP8_jobjecti"

// Android 8.0 以前的图片创建函数符号名称
#define BITMAP_CREATE_SYMBOL_LOW_THAN_8 "_ZN11GraphicsJNI12createBitmapEP7_
JNIEnvPN7android6BitmapEiP11_jbyteArrayP8_jobjecti"
```

然后使用 shadowhook_hook_sym_name 进行 hook：

```
auto symbol = api_level >= API_LEVEL_8_0 ?  BITMAP_CREATE_SYMBOL_RUNTIME :
BITMAP_CREATE_SYMBOL_LOW_THAN_8;
    auto stub = shadowhook_hook_sym_name(
            BITMAP_CREATE_SYMBOL_SO_RUNTIME,
            symbol, (void *) createBitmapProxy,nullptr);
```

上面的代码中，第一个参数是要 hook 的动态度名称 libandroid_runtime.so，第二个参数是根据 App 版本选择的不同的符号名称，第三个参数是创建图片的代理函数。代理函数的方法签名（参数、返回值）需要和被 hook 函数的完全一致，因此我们需要定义的代理函数的参数和签名如下。

```
jobject createBitmapProxy(JNIEnv *env, void *bitmap,
                          int bitmapCreateFlags, jbyteArray ninePatchChunk,
                          jobject ninePatchInsets, int density) {
//...
}
```

通过这种方式，我们就可以完成对图片创建函数的 hook，然后可以根据 shadowhook_hook_sym_name 的返回值是否为空，判断是否 hook 成功。

◆ 保存图片创建信息

上面我们实现了对图片创建函数的 hook，接下来要做的就是在代理函数中保存每次创建的图片信息，包括图片的宽高、大小、创建堆栈。

我们 hook 的函数参数中没有宽高信息，但是它会先创建 Java Bitmap 对象，所以我们可以在代理函数中先调用原始函数创建 Java Bitmap 对象。

```
jobject createBitmapProxy(JNIEnv *env, void *bitmap,
                          int bitmapCreateFlags, jbyteArray ninePatchChunk,
                          jobject ninePatchInsets, int density) {
SHADOWHOOK_STACK_SCOPE();

    // 调用原始函数，创建 Java Bitmap 对象
    jobject bitmap_obj = SHADOWHOOK_CALL_PREV(createBitmapProxy, env, bitmap,
                        bitmapCreateFlags, ninePatchChunk, ninePatchInsets,
                        density);

    // 获取图片信息
    AndroidBitmapInfo bitmapInfo{};
int ret = AndroidBitmap_getInfo(env, bitmap_obj, &bitmapInfo);
        //...
    }
```

上面的代码中，我们通过 ShadowHook 提供的方法调用了原始的图片创建函数，得到了 Java Bitmap 对象，然后通过 AndroidBitmap_getInfo 获取到具体的图片信息。AndroidBitmap_getInfo 是 android/bitmap.h 中提供的方法，其参数及返回值如下。

```
typedef struct {
```

```
    /** The bitmap width in pixels. */
    uint32_t    width;
    /** The bitmap height in pixels. */
    uint32_t    height;
    /** The number of byte per row. */
    uint32_t    stride;
    /** The bitmap pixel format. See {@link AndroidBitmapFormat} */
    int32_t     format;
    uint32_t    flags;
} AndroidBitmapInfo;

/**
 * Given a java bitmap object, fill out the {@link AndroidBitmapInfo} struct for it.
 * If the call fails, the info parameter will be ignored.
 */
int AndroidBitmap_getInfo(JNIEnv* env, jobject jbitmap, AndroidBitmapInfo* info);
```

AndroidBitmapInfo 结构体中包含我们需要的图片信息，其中 stride 表示每行有多少字节，乘高度就可以得到一个图片的整体字节数。当图片占用内存超出我们设置的内存上限阈值后，我们就需要获取当前的创建堆栈。

```
int64_t allocation_byte_count = bitmapInfo.stride * bitmapInfo.height;

if (allocation_byte_count >= g_printStackThreshold) {
    jstring stacks = dump_java_stack();
    stack_jstring = stacks;
}
```

因为一般图片创建都是通过 Java/Kotlin 代码实现的，所以我们可以通过 JNI 调用 Java 方法获取当前线程的 Java 堆栈。

```
    jstring dump_java_stack() {

    JNIEnv* env;
    g_ctx.java_VM->AttachCurrentThread(&env, nullptr);
    auto stacks = static_cast<jstring>(env->CallStaticObjectMethod(g_ctx.bitmap_
                monitor_jclass,g_ctx.dump_stack_method));
    return stacks;
}

    // 被 JNI 调用的 Java 方法
public static String dumpJavaStack() {
    StackTraceElement[] st = Thread.currentThread().getStackTrace();
    StringBuilder sb = new StringBuilder();
    sb.append(Thread.currentThread().getName()).append("\n");

    boolean beginBusinessCode = false;
```

```
        for (StackTraceElement s : st) {
            String fileName = s.getFileName();
            if (beginBusinessCode) {
                sb.append("\tat ").append(s.getClassName()).append(".")
                        .append(s.getMethodName())
                        .append("(").append(fileName)
                        .append(":").append(s.getLineNumber())
                        .append(")\n");
            } else {
                beginBusinessCode = fileName != null && fileName.
contains("BitmapMonitor.java");
            }
        }
    return sb.toString();
}
```

获取到图片信息和创建堆栈后，下一步就是保存这些信息。我们先来定义一个图片创建记录的结构体 BitmapRecord，然后使用 std::vector<BitmapRecord> 保存每次图片创建的记录。

```
struct BitmapRecord {

    ptr_long nativePtr;
    uint32_t    width;
    uint32_t    height;
    uint32_t    stride;
    int32_t     format;

    jobject java_bitmap_ref;
    jstring java_stack_jstring;
};
```

上面要保存的信息中，jobject java_bitmap_ref 非常关键，它是后面用于判断这个图片是否被回收的关键。

然后创建一个函数，将前面获取到的图片信息保存到 vector 中：

```
/**
 * 保存记录，后续释放时，需要移除
 * @param bitmapInfo
 * @param bitmap_saved_path
 */
void record_bitmap_allocated(ptr_long nativePtr, jobject *bitmap_obj_weak_ref,
                    AndroidBitmapInfo *bitmapInfo,
                    jstring &bitmap_saved_path, jstring &stacks) {
    if (bitmapInfo == nullptr) {
        return;
    }
```

```
long long allocation_byte_count = bitmapInfo->stride * bitmapInfo->height;
unsigned int bit_per_pixel = bitmapInfo->stride / bitmapInfo->width;
uint32_t width = bitmapInfo->width;
uint32_t height = bitmapInfo->height;

std::lock_guard<std::mutex> lock(g_ctx.record_mutex);

g_ctx.bitmap_records.push_back({
    .nativePtr = nativePtr,
    .width =  width,
    .height = height,
    .stride =  bitmapInfo->stride,
    .format = bitmapInfo->format,
    .large_bitmap_save_path = bitmap_saved_path,
    .java_bitmap_ref = *bitmap_obj_weak_ref,
    .java_stack_jstring = stacks,
});

 g_ctx.create_bitmap_count++;
 g_ctx.create_bitmap_size += allocation_byte_count;
}
```

到此我们完成了对图片创建流程的拦截和保存每张图片的创建的信息，整个流程如图5-27所示。

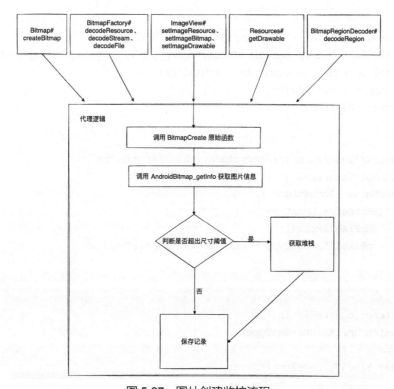

图 5-27　图片创建监控流程

除了关心创建了什么图片，我们更关心在某个功能使用后有多少图片没有及时释放，即图片泄漏有多少。因此除了获取图片的创建数据，我们还需要知道创建的图片有哪些被释放了，从而得到剩余未释放的图片信息。

◆**图片的释放流程及获取释放后的图片数据**

由于图片内存的分配流程在 Android 8.0 前后有所不同，因此图片的释放流程在 Android 8.0 前后也不一样。

在 Android 8.0 以前，图片的释放依赖 Bitmap 对象的 Java 引用断开或者主动调用 recycle 方法。我们来看一下调用 recycle 方法后执行了什么。

```
//frameworks/base/graphics/java/android/graphics/Bitmap.java
public void recycle() {
    if (!mRecycled && mNativePtr != 0) {
        if (nativeRecycle(mNativePtr)) {
            mBuffer = null;
            mNinePatchChunk = null;
        }
        mRecycled = true;
    }
}
```

如上面的代码及注释所示，调用 recycle 后，会通过 native 方法释放像素数据的内存，然后清除 mBuffer 的引用。调用的 nativeRecycle 方法会一路执行到 Bitmap.cpp 的 Bitmap_recycle 方法：

```
//frameworks/base/core/jni/android/graphics/Bitmap.cpp
static jboolean Bitmap_recycle(JNIEnv* env, jobject, jlong bitmapHandle) {
    LocalScopedBitmap bitmap(bitmapHandle);
    bitmap->freePixels();
    return JNI_TRUE;
}


//frameworks/base/core/jni/android/graphics/Bitmap.cpp
void Bitmap::freePixels() {
    AutoMutex _lock(mLock);
    if (mPinnedRefCount == 0) {
        doFreePixels();
        mPixelStorageType = PixelStorageType::Invalid;
    }
}


void Bitmap::doFreePixels() {
    switch (mPixelStorageType) {
    //...
    case PixelStorageType::Java:
        JNIEnv* env = jniEnv();
```

```
            env->DeleteWeakGlobalRef(mPixelStorage.java.jweakRef);
            break;
    }

    if (android::uirenderer::Caches::hasInstance()) {
        android::uirenderer::Caches::getInstance().textureCache.releaseTexture(
            mPixelRef->getStableID());
    }
}
```

可以看到，nativeRecycle 方法会先判断当前 Bitmap 是否没有其他引用，如果没有，就会把对 Java 像素数据的引用删除掉，这样在 GC 的时候就可以释放这部分图片内存。

需要注意的是，当我们手动调用 Bitmap 的 recycle 方法后，就不能再使用这个 Bitmap，否则会导致崩溃！

接下来了解 Android 8.0 上的 Bitmap recycle 执行流程：

Bitmap.java 的逻辑和 Android 8.0 以前的基本一致，但 native 层的逻辑有很大区别，Bitmap.java 调用的 nativeRecycle 会调用到 Bitmap_recycle 方法。

```
/frameworks/base/core/jni/android/graphics/Bitmap.cpp
static jboolean Bitmap_recycle(JNIEnv* env, jobject, jlong bitmapHandle) {
    LocalScopedBitmap bitmap(bitmapHandle);
    bitmap->freePixels();
    return JNI_TRUE;
}

void freePixels() {
    //...
    mBitmap.reset();
}


//external/skia/include/core/SkRefCnt.h
void reset(T* ptr = nullptr) {
    // Calling fPtr->unref() may call this->~() or this->reset(T*).
    T* oldPtr = fPtr;
    fPtr = ptr;
    SkSafeUnref(oldPtr);
}


template <typename T> static inline void SkSafeUnref(T* obj) {
    if (obj) {
        obj->unref();
    }
}


///frameworks/base/libs/hwui/hwui/Bitmap.cpp
Bitmap::~Bitmap() {
```

```
switch (mPixelStorageType) {
//...
case PixelStorageType::Heap:
    free(mPixelStorage.heap.address);
    break;
//...

}
android::uirenderer::renderthread::RenderProxy::onBitmapDestroyed(getStable
ID());
}
```

如上面的代码所示，Bitmap_recycle 经过层层调用会执行到析构函数 Bitmap::~Bitmap。在前面的图片创建流程中我们知道，在 Android 8.0 及以后的版本，Bitmap 的像素数据存储类型 mPixelStorageType 为 PixelStorageType::Heap，因此在 Bitmap 析构时的逻辑就是直接调用 free 释放 native 内存。

通过前面的源代码分析，我们知道了 Android 8.0 以前版本的图片释放不同点：调用 Java Bitmap 的 recycle 方法只释放了引用，图片的像素数据所占内存需要等待 GC 执行时才被释放；而从 Android 8.0 开始，会直接释放掉 native 内存。两者的共同点是在执行后 Java Bitmap 的 mRecycled 状态会变为 true。

因此，要获取哪些图片被释放了，我们有两种选择：通过 hook Bitmap_recycle 函数监控图片的释放；轮询图片的 mRecycled 状态判断图片是否被回收。这里我们选择后者，实现获取释放后的图片数据。主要流程如图 5-28 所示。

通过前面的图片创建流程监控我们拿到了当前创建的所有图片数据，然后可以通过一个线程定时轮询当前拿到的图片对象状态，当发现图片引用被回收或图片对象的 mRecycled 为 true 时，从记录中移除这个图片数据，最后得到的就是没有被回收的数据。具体实现如下。

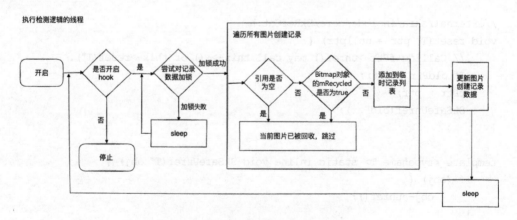

图 5-28 检测图片是否被释放的流程

首先我们创建一个 native 线程，为了避免线程没有及时退出导致内存无法释放，设置它的线程 detach 属性为 PTHREAD_CREATE_DETACHED。

```
void start_loop_check_recycle_thread() {
    pthread_t thread;
    pthread_attr_t attr;
    pthread_attr_init(&attr);
    pthread_attr_setdetachstate(&attr, PTHREAD_CREATE_DETACHED);

    pthread_create(&thread, &attr, thread_routine, nullptr);
}
```

然后在线程的执行逻辑里进行循环检查，检查结束后睡眠一段时间直到停止监控：

```
static void* thread_routine(void *) {
    if (g_ctx.java_VM == nullptr) {
        return nullptr;
    }
    JNIEnv *env;
    jboolean result = g_ctx.java_VM->AttachCurrentThread(&env, nullptr);
    if (result != JNI_OK) {
        LOGI("AttachCurrentThread failed");
        return nullptr;
    }

    // 循环检查
    while (g_ctx.open_hook) {

        if (!g_ctx.record_mutex.try_lock()) {
            sleep_some_time();
            continue;
        }

        //...
    }
}
```

因为在这个线程中我们需要对图片创建监控数据做遍历和修改，所以加了一个互斥锁。然后遍历所有图片数据，当发现 Java Bitmap 对象的引用被回收或者 mRecycled 为 true 时，认为图片已经被释放。

```
int index = 0;
long long sum_bytes_alloc = 0;
//遍历 Java Bitmap 对象，如果已经回收，移除记录
for (auto it = bitmap_records.begin(); it != bitmap_records.end(); it++) {
    index++;
    //1.判断 Java 对象是否被回收
    jboolean object_recycled = env->IsSameObject(it->java_bitmap_ref,
                                nullptr);
```

```
if (object_recycled == JNI_TRUE) {
    // 被回收了，移除
    continue;
}

auto bitmap_local_ref = env->NewLocalRef(it->java_bitmap_ref);

//2. 判断 Bitmap 是否执行了 recycle
jboolean bitmap_recycled = env->CallBooleanMethod(bitmap_local_ref,
                        g_ctx.bitmap_recycled_method);
 if (bitmap_recycled) {
    // Bitmap 执行了 recycle，移除
    env->DeleteLocalRef(bitmap_local_ref);
    continue;
}

// 没被回收，将其添加到检查队列里
sum_bytes_alloc += (it->height * it->stride);
copy_records.push_back({
    .nativePtr = it->nativePtr,
    .width =  it->width,
    .height = it->height,
    .stride =  it->stride,
    .format = it->format,
    .large_bitmap_save_path = it->large_bitmap_save_path,
    .java_bitmap_ref = it->java_bitmap_ref,
    .java_stack_jstring = it->java_stack_jstring,
});
    env->DeleteLocalRef(bitmap_local_ref);
}
```

经过上面的代码，我们就得到了当前所有未被回收的图片数据，也就是"泄漏"的图片数据。

◆小结

到这里我们就理解了如何实现一个图片内存泄漏监控器，总结如下。

1. 通过理解 Android Bitmap 的创建和释放流程，找到图片创建的关键流程和图片释放的判断方法。

2. 代理图片的创建 native 函数，拦截所有图片创建操作。

3. 在代理函数中，先调用原始函数创建 Java Bitmap 对象，然后通过 native 函数获取具体的图片大小，如果图片占用内存超出阈值，就通过 JNI 调用获取 Java 线程堆栈。

4. 在一个单独的线程里轮训当前所有图片创建数据，当发现图片对象被回收后，从记录里删除对应的数据并移除。

5.4.4　减少内存问题的有效方法

前面几节我们了解了内存问题的分析、定位方法，知道了如何及时发现和解决问题。除了具备解决问题的能力，我们还需要知道如何减少内存问题，防患于未然。本节我们来学习常见的内存优化方法。

◆提升 App 的可用内存

减少内存问题，最简单、有效的方法是提升 App 的可用内存，主要有如下两种思路。
1. 提升单进程的内存上限。
2. 拆分业务逻辑到多进程。
提升单进程的内存上限，可以从提升 Java 内存上限和提升虚拟内存上限两部分出发。

◆提升 Java 内存上限

对于单进程的 Java 内存的上限，我们可以通过在 AndroidManifest.xml 的 application 中设置 largeHeap ="true" 来提升，这个设置会让 App 创建的所有进程使用更大的 Java 堆。可以检查一下你的 App 是否设置了这个属性。

```
<application
    //...
    android:largeHeap="true">
    //...
</application>
```

Application 创建时，如果开启了 largeHeap，会允许其分配内存至 Java Heap 的最大值：

```
//frameworks/base/core/java/android/app/ActivityThread.java
private void handleBindApplication(AppBindData data) {
    //...
    if ((data.appInfo.flags&ApplicationInfo.FLAG_LARGE_HEAP) != 0) {
        dalvik.system.VMRuntime.getRuntime().clearGrowthLimit();
    }
    //...
}


//libcore/libart/src/main/java/dalvik/system/VMRuntime.java
// 移除内存增长限制，允许应用使用的内存上限为最大堆容量
@UnsupportedAppUsage
@SystemApi(client = MODULE_LIBRARIES)
public native void clearGrowthLimit();
```

我们可以通过 ActivityManager 的 getMemoryClass 和 getLargeMemoryClass 获取单个进程的常规 Java 堆内存上限和设置 largeHeap 后的 Java 堆内存上限，也可以通过 Runtime.getRuntime().maxMemory 方法查看当前 App 运行时的最大 Java 堆内存。

```
ActivityManager activityManager = (ActivityManager) sContext.
getSystemService(Context.ACTIVITY_SERVICE);
Log.d(TAG, "getMemoryClass: " + activityManager.getMemoryClass() + " ,
    getLargeMemoryClass: " + activityManager.getLargeMemoryClass());

long maxMemory = Runtime.getRuntime().maxMemory();
Log.d(TAG, "maxMemory: " + formatMB(maxMemory));
```

运行结果：

```
// 设置 Large Heap 前
Meminfo: getMemoryClass: 256 ,getLargeMemoryClass: 512
Meminfo: maxMemory: 256.0MB

// 设置 largeHeap 后
Meminfo: getMemoryClass: 256 ,getLargeMemoryClass: 512
Meminfo: maxMemory: 512.0MB
```

◆ 提升虚拟内存上限

对于单进程的虚拟内存上限，我们可以通过适配 64 位架构，让 App 在 64 位设备上的虚拟内存的可用上限有极大的提升。目前新出厂的设备大都支持 64 位，因此为了提供更好的用户体验，各 App 商店都要求发布 App 时必须支持 64 位架构。

如果你的 App 还没有适配 64 位，需要做以下几件事。

1. 首先在自己开发的 native 库的 build.gradle 中设置 abiFilters，添加对 arm64-v8a 的支持，比如这样：

```
android {
    defaultConfig {
        ndk {
            abiFilters 'armeabi-v7a', 'arm64-v8a'
        }
    }
}
```

2. 然后在 build.gradle 的 android 中增加 splits 和 abi 代码块，在其中配置需要针对不同的 CPU 架构生成不同的 APK，在每个 APK 中仅包含一套架构的 native 库，以减少最终分发的 App 体积。

```
android {
    ...
    splits {
        abi {
            enable true
            reset()
            include armeabi-v7a", "arm64-v8a
            universalApk false
```

```
    }
   }
  }
```

上面的配置中，enable 表示是否根据 ABI（Application Binary Interface，应用程序二进制接口）生成不同的 APK，默认为 false，我们需要将其设置为 true；reset 是一个方法，和 include 配合使用，用于强制指定要为哪些 ABI 单独生成 APK；universalApk 表示是否要打一个包含所有 ABI 的包，这里我们要将其设置为 false。

◆ 分离业务到子进程

通过以上两种方法提升单进程的可用内存上限后，我们还可以采用多进程的方法，把核心且耗费内存的业务放到子进程进行，这样既可以减少单个进程使用的内存，还可以在主进程意外崩溃时，保证核心业务继续进行。

我们可以在 AndroidManifest.xml 中为 Activity Service BroadcastReceiver 和 ContentProvider 设置 android:process 属性，这样这些组件就可以运行在单独的进程中，进程的名称为 App 包名加 android:process 指定的名称。

```
<manifest ...>
  <application
    android:icon="@drawable/ic_launcher"
    android:label="@string/app_name" >

    <activity
      android:name=".MainActivity"
      />
    <service
      android:name=".MusicPlayerService"
      android:process=":music"
    />
  </application>
</manifest>
```

上面的代码中，我们为 MusicPlayerService 单独指定了一个名称为 :music 的进程，这样播放器解码数据使用的内存就不会被计入和用户交互的主进程使用的内存，极大地提升了主进程的可用内存。

创建多进程比较简单，比较复杂的是在多进程中同步数据，好在 Android 为我们提供了 AIDL(Android Interface Definition Language，Android 接口定义语言) 和 Binder 机制，降低了多进程通信的实现成本。不过需要小心的是，在主进程中和其他进程频繁地进行 Binder 通信可能会导致卡顿，这点在第 6 章会详细介绍。

◆ 认识所有会持有对象引用的 GC Root

提升可用内存后，接下来要做的就是尽可能地合理使用内存，减少内存泄漏。

我们知道，内存回收时会从 GC Root 出发，递归查找所有可达的对象，只要对象可达，就不会被回收。常见的 GC Root 名称及其含义如表 5-6 所示。

表 5-6　常见的 GC Root 名称及其含义

名　　称	含　　义
JNI Global	C/C++ 代码中的全局变量
JNI Local	正在执行的 C/C++ 函数中的局部变量
Native Stack	正在执行的 C/C++ 函数的参数或返回值
Java Frame	栈帧（正在执行的 Java 函数）中的局部变量
Sticky Class	系统 Class
Thread Block	正在执行的线程的代码块
Monitor Used	synchronized 的参数或者调用 wait/notify 的对象
Thread Object	线程对象
Interned String	常量池中的字符串
Finalizing	正在队列中，等待被回收的对象

表 5-6 所示为常见的 GC Root。除了常见的 Java 类静态属性引用的对象、常量引用的对象、栈帧中的局部变量引用的对象，我们还需要关注在调用 JNI 代码时传递的参数、在 JNI 代码中创建的全局 Java 对象、调用 synchronized 和 wait 的对象，它们是日常开发中可能造成内存泄漏的典型例子。

为了避免内存泄漏，我们需要谨慎持有 Activity、Fragment、Context、View 等复杂对象的引用，尽可能地做到及时释放。如果业务场景比较复杂，无法确定释放时机，可以通过 SoftReference 和 WeakReference 缓解问题；在 C/C++ 代码中，我们需要尽量少地持有 Java 对象的引用，如果的确需要使用较长时间，优先使用 JNIEnv#NewLocalRef 和 JNIEnv#NewWeakGlobalRef。

◆ 不滥用软引用和弱引用

在遇到强引用导致对象泄漏后，很多人会使用软引用 SoftReference 或者弱引用 WeakReference 替代强引用，以此解决问题。然而这并不算是解决了问题，只能算缓解问题。

对象泄漏的真正原因是引用没有及时释放，引用者的生命周期超出了被引用者的生命周期。使用软引用或者弱引用，把引用的释放时机延迟到 GC 执行时，引用持有时间过久的问题没有被彻底解决，只是最低程度地保证了引用会被释放。同时，这种写法也可能会引入新的问题，比如在弱引用被 GC 后还访问，导致空指针或者逻辑异常。正确的做法是在对象结束使用时，及时清除掉其引用，并退出相关逻辑。

之所以一再强调及时释放引用，是因为使用软引用或弱引用还是有可能导致内存泄漏的。软引用 / 弱引用不会导致内存泄漏的前提是：虚拟机在进行 GC 时，这个对象的引用者只有软对象 / 弱对象。注意加粗的两个字"只有"。如果这个对象会被其他强引用持有，那就还是无法回收。

你可能会说，这个对象只被 SoftReference 或 WeakReference 对象引用了，哪来的强引用呢？有一个强引用非常容易被忽略：正在执行的函数中的局部变量。我们在使用软引用/弱引用时，有一条必经之路：调用 get 方法获取原始对象，然后创建一个局部变量引用原始对象。

```
WeakReference<Object> weakReference;
public void startAnimation() {
    Object originObject = weakReference.get();
    if (originObject != null) {
        Log.d("zsx", "Oh you create a local ref: " + originObject);
    }
}
```

我们知道，栈帧中的局部变量是可以作为 GC Root 的。所以如果在 GC 执行时，调用 WeakReference#get 的方法正在执行，那这个方法里的输入参数、局部变量、返回值都会在虚拟机的栈桢中，这样原始的对象就会有一个局部变量作为强引用，导致它无法被回收。

你可能会说，在 GC 时正好调用 WeakReference#get，这应该是小概率事件吧？不幸的是，Android 系统源代码里的确存在频繁调用 WeakReference#get 导致的内存泄漏，一个典型的例子是属性动画 ObjectAnimator。

```
//frameworks/base/core/java/android/animation/ObjectAnimator.java
private WeakReference<Object> mTarget;

public Object getTarget() {
    return mTarget == null ? null : mTarget.get();
}

void animateValue(float fraction) {
    final Object target = getTarget();
    if (mTarget != null && target == null) {
        cancel();
        return;
    }

    // ...
}
```

ObjectAnimator 中使用 WeakReference 保存要执行动画的 View，动画开始后每帧刷新时都会执行 animateValue 方法，直到动画结束。由于 animateValue 中会调用 WeakReference#get 方法创建局部引用，因此在它执行期间，View 对象会被局部变量强引用，导致 GC 无法回收这个 View 对象。

由于 ObjectAnimator 的这个问题，App 中一旦创建了无限循环的动画且退出页面后没有停止，就会导致 View 泄漏。一个简单的复现例子如下。

```
class ExampleActivity : Activity() {

    override fun onCreate(savedInstanceState: Bundle?) {
        super.onCreate(savedInstanceState)
```

```
setContentView(R.layout.main_activity)
findViewById<Button>(R.id.button).setOnClickListener { view ->
  // 开启一个无限循环动画
  ObjectAnimator.ofFloat(view, View.ALPHA, 0.1f, 0.2f).apply {
    duration = 100
    repeatMode = ValueAnimator.REVERSE
    repeatCount = ValueAnimator.INFINITE
    start()
  }
}
```

这个 bug 在 Android 12 及以下的设备上都存在，所以我们在使用属性动画时需要注意及时调用 cancel。此外我们还需要记住：使用软引用 / 弱引用后也可能会有内存泄漏，需要保证它不被频繁调用！

◆**单例对象统一管理**

软件设计模式中最受欢迎的莫过于单例模式，它可以降低我们的对象创建、传递、管理成本，一次创建、到处使用，当需要使用时直接通过单例对象就可以调用它的方法，非常便利。

但有时候优点也是缺点，单例模式方便的原因是有一个静态对象始终存在于内存中，如果没有及时释放，很容易导致内存泄漏。我们在做内存泄漏分析时，因为单例对象引起的内存泄漏非常常见。

有一种比较好的避免单例对象内存泄漏的方式：给单例对象增加生命周期托管。具体实现如图 5-29 所示，将单例对象的销毁统一交给一个最上层的业务来完成，可以分如下 4 步实现。

1. 让所有单例类实现一个统一的生命周期接口（可以简单一点，只有销毁方法）。
2. 在销毁方法里释放单例对象持有的所有资源。
3. 在单例的构造函数中把静态对象注册到生命周期相关的管理器中。
4. 当管理器生命周期结束后，调用所有接口的销毁方法。

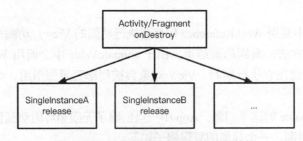

图 5-29　生命周期结束后释放所有单例

这样我们就可以有效、统一地管理单例对象的生命周期，避免出现不再使用后还没有释放资源引用的情况。

◆根据内存情况进行业务降级

除了以上几种优化方法，还有一种效果更明显的方法：业务降级。我们可以根据设备的配置，采取不同的内存使用策略。表 5-7 是针对不同级别的设备，某知名短视频 App 的首页、推荐业务分级策略。

表 5-7   一个具体业务的设备分级内存策略

设备分级	可用内存	首页分类 Tab（页面）缓存	预加载数	feed 缓存上限	图片缓存上限
高端机（RAM ≥ 6GB）	≥ 50%	5 Tab + 10% 进程最大可用内存	10	10% 进程最大可用内存	10% 进程最大可用内存
	< 50%	3 Tab + 5% 进程最大可用内存	8	5% 进程最大可用内存	5% 进程最大可用内存
中端机（RAM ≥ 2GB）	≥ 50%	3 Tab + 10% 进程最大可用内存	6	10% 进程最大可用内存	10% 进程最大可用内存
	< 50%	1 Tab + 5% 进程最大可用内存	4	5% 进程最大可用内存	5% 进程最大可用内存
低端机（RAM < 2GB）	100%	1 Tab + 5% 进程最大可用内存	2	5% 进程最大可用内存	5% 进程最大可用内存

通过这种分级策略，我们就能实现 App 在低内存的设备上使用的内存不会和在高内存的设备使用的内存上一样多，从而提升 App 的后台存活时长。

5.5   小结

相较于启动和卡顿，很多人对内存优化的重要性的认识不足。本章通过介绍内存不足可能出现的问题，强调了内存优化的价值。主要介绍了如下知识点。

1. 内存监控的实现方法：包括如何获取内存使用情况、OOM 次数和 LMK 次数、进程的 oom_score、GC 次数等。

2. 线下内存测试的方法：包括通过 dumpsys meminfo 获取内存指标、通过 maps/smaps 获取进程的地址空间详细数据、通过 Android Studio Memory Profiler 分析内存具体使用等。

3. 内存优化的方法：包括 Java 内存、Native 内存、图片内存问题的定位方法，一些减少内存问题的有效实践等。

我们在做内存优化的过程中需要明确的一点是：内存优化不是要把内存使用降得越低越好。因为内存作为缓存资源，常常用来"空间换时间"，注定会有冗余。我们要做的是在满足业务使用需求的基础上，尽量避免内存的浪费，及时发现没有释放的内存。

思考题

　　无论哪种类型的内存泄漏，本质上都是因为分配的内存在使用结束后没有及时地回收导致的。所以我们可以从对象的生命周期出发，在生命周期的开始和结束方法里，增加内存的记录和检测逻辑。Java 内存泄漏检测原理如此，Native 内存泄漏检测原理也是如此。

　　除了这两种类型的内存泄漏，你还能想到什么资源泄漏也是类似的？如何检测这种资源的泄漏呢？

第6章 流畅度优化

6.1 为什么要做流畅度优化

流畅度是与用户体验直接关联的指标，当 App 的流畅度不够高时，会直接导致用户放弃使用该 App，从而降低产品的用户留存率。

根据第三方平台公布的数据，诺德斯特龙网站上，用户操作的响应时间每增加 0.5s，产品的转化率下降 11%；沃尔玛网站的响应时间每减少 0.1s，其公司的收入增加 1%。因此我们可以说：App 的流畅度与业务的成功有直接关系。

当我们说 App 是否流畅时，一般是说 App 对用户交互的响应是否及时，比如打开页面速度是否够快、滑动界面是否连贯、播放动画是否连续等。

为了量化 App 的体验指标、从技术侧提升业务的转化率和收入，我们需要建立流畅度相关监控，然后解决影响流畅度的问题，并且不断提升写流畅代码的能力，从而为用户提供始终如一的流畅体验。

6.2 线上流畅度监控

要进行流畅度优化，首先需要建立相关监控，获取线上的实际情况。流畅度监控一般需要监控如下指标。

- FPS，即帧率，代表页面的刷新流畅情况。
- 掉帧数，代表页面的不连贯情况。
- 卡顿率，代表主线程消息执行的超时情况。

这些指标需要具体到每个页面，这样才能知道哪些页面需要进行优化。接下来我们来看看这些指标如何获取。

6.2.1 FPS 和掉帧数

评估 App 的流畅度时最常使用的指标之一是 FPS。理论上 FPS 越高代表画面切换越连贯，也就越流畅；FPS 越低说明每秒展示的帧越少，相同画面停留的时间越久，也就越容易让用户感觉卡顿。

FPS 的上限值根据手机的屏幕刷新率的不同有所不同。传统的 FPS 监控默认每秒帧数最大为 60，这其实是过时的逻辑，在做现代化的 App 性能监控时，需要考虑到手机的屏幕刷新率。目前 Android 手机的主流屏幕刷新率为 60Hz、90Hz 和 120 Hz 这 3 档，用户可以根据自己的需求在设置中进行调整，如图 6-1 所示。当屏幕刷新率为 60Hz 时，表示显示器每秒可以刷新 60 次，在 Android 手机上意味着 VSync 信号的理论间隔是 1000/60≈16.666ms；当屏幕刷新率为 120Hz 时，表示显示器每秒可以刷新的次数翻倍为 120 次，每一次刷新的间隔更加短暂，看起来会更流畅，VSync 信号的理论间隔是 1000/120≈8.333ms。

图 6-1 切换屏幕刷新率

要统计 FPS，首先需要获取到每一帧的结束事件，在每帧结束时累加帧数得到这段时间内的总帧数，然后统计每一帧的耗时得到总耗时，两者相除就得到了这段时间的 FPS。

获取帧数和每帧耗时，一般有如下 3 种常见的方案。

1. 通过 Choreographer 注册 FrameCallback，在其中计算两帧之间的间隔时长。

2. 在 Looper 任务执行结束后判断当前任务是否为绘制帧，是的话计算帧耗时。

3. 通过 FrameMetrics 获取每帧耗时。

第一种方案比较简单，我们通过 Choreographer 的 postFrameCallback 方法注册一个回调函数，即可在每帧绘制时做帧数和耗时统计。

```
Choreographer.getInstance().postFrameCallback(new Choreographer.
FrameCallback() {
    @Override
    public void doFrame(long frameTimeNanos) {
        // 这里做帧数和耗时统计
    }
});
```

在 FrameCallback 的 doFrame 方法中我们可以获取当前帧开始渲染的时间，用这一帧的开始时间减去上一帧的开始时间，即可得到上一帧的耗时数据。

为了更好地理解 Android 绘制原理，我们有必要对这段代码背后的原理有所了解。

◆ VSync 和三缓冲

首先来了解什么是 VSync，VSync（Vertical Synchronization）即垂直同步。VSync 用于 CPU、GPU 和显示器的同步，主要有以下作用。

1. 通知切换 buffer，显示前一个 buffer 的数据到屏幕上。

2. 通知 CPU 进行下一帧数据的计算。

我们在 App 中发起的布局绘制操作，会由 CPU 在收到 VSync 信号后进行处理，以生成 GPU 可以执行的绘制命令。处理完成后同步给 GPU 进行绘制。等下一个 VSync 信号来临时，显示器从缓冲池中取一个 buffer 数据进行显示，同时 CPU 开始进行下一帧绘制内容的计算。为了保证 CPU、GPU、显示器可以并行工作，Android 在经过多次优化后，选择使用 3 个

buffer（即三缓冲）的策略。

从节省内存的角度讲，理论上使用的 buffer 越少越好。为什么 Android 会选择三缓冲而不是双缓冲呢？我们来看看使用双缓冲存在什么问题。

如图 6-2 所示，第一个 VSync 信号到来时，GPU 对 buffer B 的操作还未完成，因此显示器只能继续展示上一个 buffer A 的数据，在用户看来就是画面没有切换。雪上加霜的是，使用双缓冲的话，在这个 VSync 信号来临时，由于两个 buffer 都在被使用，没有额外的 buffer 给 CPU 使用，因此在这一个 VSync 信号中，CPU 无法进行下一帧的绘制操作。只能等待下一个 VSync 信号到来且 GPU 绘制完成，buffer 交换到前台显示，空余出一个 buffer 才能开始计算。这将导致连续卡顿。一方面由于 GPU 绘制慢导致第二帧没有及时显示；另一方面由于 buffer 不够导致第三帧无法及时开始计算。

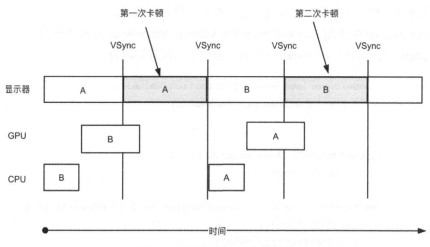

图 6-2　双缓冲遇到卡顿的情况

GPU 绘制慢可能是由于 App 发起的绘制任务过于繁重，但 buffer 不够的问题我们可以通过增加一个 buffer 解决。使用三缓冲后，前面的卡顿情况如图 6-3 所示。

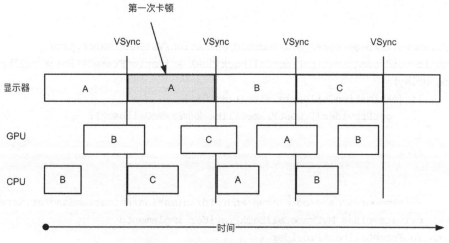

图 6-3　三缓冲遇到卡顿的情况

在图 6-3 中，第一个 VSync 信号到来前，GPU 对 buffer B 的操作还未完成，因此显示器还是只能展示上一个 buffer A 的数据。但与图 6-2 所示不同之处在于，此时 CPU 不需要等待 GPU 绘制完成，可以在收到第一个 VSync 信号时就开始处理下一帧的数据。这样的结果是：只会卡顿一次。GPU 在绘制上一帧的数据时，CPU 就可以开始下一帧数据的计算，这样可以让界面显示的流畅度大大提升。

◆ Choreographer

了解 VSync 和三缓冲后，接下来我们来看看 Choreographer。

Choreographer 是 App 界面渲染机制的核心组成，它帮我们封装了 VSync 信号的请求和分发操作，在我们发起界面绘制、播放动画、事件处理请求时，会先向 Choreographer 注册 VSync 信号的"监听"，同时请求 VSync 信号，这样在收到渲染子系统发出的 VSync 信号后，App 的输入事件处理、动画播放和布局测量和渲染等就得以执行。

比如我们在 App 中使用 android.animation.ValueAnimator#start 开始播放动画，其实就是将向 Choreographer 中添加一个 FrameCallback，等待下一帧开始执行。

```
//frameworks/base/core/java/android/animation/ValueAnimator.java
    private void start(boolean playBackwards) {
        //...

        // 这里最终也是通过 Choreographer 实现的
        addAnimationCallback(0);

        if (mStartDelay == 0 || mSeekFraction >= 0 || mReversing) {
            startAnimation();
            if (mSeekFraction == -1) {
                setCurrentPlayTime(0);
            } else {
                setCurrentFraction(mSeekFraction);
            }
        }
    }

//frameworks/base/core/java/android/animation/ValueAnimator.java
public void addAnimationFrameCallback(final AnimationFrameCallback callback,
long delay) {
    if (mAnimationCallbacks.size() == 0) {
        getProvider().postFrameCallback(mFrameCallback);
    }
    //...
}

    //frameworks/base/core/java/android/animation/AnimationHandler.java
    private class MyFrameCallbackProvider implements
AnimationFrameCallbackProvider {
```

```
        final Choreographer mChoreographer = Choreographer.getInstance();

        @Override
        public void postFrameCallback(Choreographer.FrameCallback callback) {
            mChoreographer.postFrameCallback(callback);
        }
    }
```

从上面的代码可以看到，开始播放动画操作最终也调用了 Choreographer 的 postFrameCallback 方法。这个方法被调用后做了什么呢？

```
//frameworks/base/core/java/android/view/Choreographer.java
    public void postFrameCallback(FrameCallback callback) {
        postFrameCallbackDelayed(callback, 0);
    }

    // 将 callback 添加到了 CALLBACK_ANIMATION
    public void postFrameCallbackDelayed(FrameCallback callback,
                                          long delayMillis) {
        if (callback == null) {
            throw new IllegalArgumentException("callback must not be null");
        }

        postCallbackDelayedInternal(CALLBACK_ANIMATION,
                callback, FRAME_CALLBACK_TOKEN, delayMillis);
    }

    private void postCallbackDelayedInternal(int callbackType, Object action,
                                          Object token, long delayMillis) {

        synchronized (mLock) {
            final long now = SystemClock.uptimeMillis();
            final long dueTime = now + delayMillis;
            // 将 callback 添加到指定的队列中
            mCallbackQueues[callbackType].addCallbackLocked(dueTime, action,
                                                          token);

            if (dueTime <= now) {
                scheduleFrameLocked(now);
            } else {
                Message msg = mHandler.obtainMessage(MSG_DO_SCHEDULE_CALLBACK,
                            action);
                msg.arg1 = callbackType;
                msg.setAsynchronous(true);
                mHandler.sendMessageAtTime(msg, dueTime);
            }
        }
    }
```

可以看到，调用 postFrameCallback 后会向 CALLBACK_ANIMATION 队列中添加 callback。

CALLBACK_ANIMATION 队列是 Choreographer 中保存的 5 种类型的队列之一，在构造
Choreographer 对象时会创建 5 个 callback 队列。

```
// 初始化
    private Choreographer(Looper looper, int vsyncSource) {
        mLooper = looper;
        // 主线程 Handler (Handler 主要用于异步消息的处理)
        mHandler = new FrameHandler(looper);
        //Vsync 事件接收器
        mDisplayEventReceiver = USE_VSYNC
                ? new FrameDisplayEventReceiver(looper, vsyncSource)
                : null;

        // 创建 5 个 Callback 队列
        mCallbackQueues = new CallbackQueue[CALLBACK_LAST + 1];
        for (int i = 0; i <= CALLBACK_LAST; i++) {
            mCallbackQueues[i] = new CallbackQueue();
        }
    }
```

这 5 种类型的队列分别是：

```
    public static final int CALLBACK_INPUT = 0;
    public static final int CALLBACK_ANIMATION = 1;
    public static final int CALLBACK_INSETS_ANIMATION = 2;
    public static final int CALLBACK_TRAVERSAL = 3;
    public static final int CALLBACK_COMMIT = 4;
```

它们的执行顺序、常量名称、含义和典型例子如表 6-1 所示。

表 6-1　Choreographer 中 5 种类型的队列

执行顺序	常 量 名 称	含　义	典 型 例 子
1	CALLBACK_INPUT	输入事件	BatchedInputEventReceiver 发起输入事件的消费请求 doConsumeBatchedInput
2	CALLBACK_ANIMATION	动画事件	ViewRootImpl 发起布局 invalidate（重绘）的请求
3	CALLBACK_INSETS_ANIMATION	一种特殊的动画处理任务	—
4	CALLBACK_TRAVERSAL	布局绘制相关任务	ViewRootImpl 发起 doTraversal 的执行请求
5	CALLBACK_COMMIT	在布局绘制完成后执行任务	ActivityThread 发起 onTrimMemory 方法的执行请求

callback 添加到队列后什么时候执行呢？答案是接收到 VSync 信号的时候。

App 要接收到 VSync 信号，需要主动地向 SurfaceFlinger 请求。在调用 Choreographer 的 postFrameCallback 函数后，Choreographer 会通过 FrameDisplayEventReceiver 去请求 VSync 信号，执行流程如图 6-4 所示。

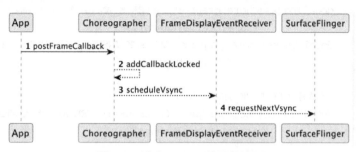

图 6-4　请求 VSync 信号的流程

FrameDisplayEventReceiver 是 DisplayEventReceiver 的子类。DisplayEventReceiver 为我们封装了接收设备底层显示信号（包括 VSync 信号）的相关功能，在其中会建立应用层和 SurfaceFlinger 的连接，实现 VSync 信号的请求和分发操作。

收到 VSync 信号后，SurfaceFlinger 会发送事件 handleEvent 给 FrameDisplayEventReceiver，然后 FrameDisplayEventReceiver 通过层层调用，会执行到 Choreographer 的 doFrame，在这里遍历前面提到的 5 种类型的队列，按顺序执行其中注册的 callback，整个流程如图 6-5 所示。

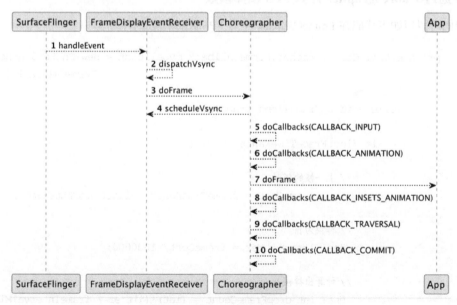

图 6-5　VSync 信号分发的流程

```
//frameworks/base/core/java/android/view/Choreographer.java
    void doFrame(long frameTimeNanos, int frame,
            DisplayEventReceiver.VsyncEventData vsyncEventData) {
```

```
        // 执行 CALLBACK_INPUT
        doCallbacks(Choreographer.CALLBACK_INPUT, frameTimeNanos,
                frameIntervalNanos);

        // 先后执行 CALLBACK_ANIMATION 和 CALLBACK_INSETS_ANIMATION
        doCallbacks(Choreographer.CALLBACK_ANIMATION, frameTimeNanos,
                frameIntervalNanos);
        doCallbacks(Choreographer.CALLBACK_INSETS_ANIMATION, frameTimeNanos,
                frameIntervalNanos);

        // 执行 CALLBACK_TRAVERSAL
        doCallbacks(Choreographer.CALLBACK_TRAVERSAL, frameTimeNanos,
                frameIntervalNanos);

        // 执行 CALLBACK_COMMIT
        doCallbacks(Choreographer.CALLBACK_COMMIT, frameTimeNanos,
                frameIntervalNanos);

    }
```

到这里我们就知道了 Choreographer.getInstance().postFrameCallback(myCallback) 注册一个回调后做了什么，以及回调什么时候被执行。

◆ 通过 Choreographer 计算 FPS 和掉帧数

我们可以用如下代码在 FrameCallback 中做 FPS 和掉帧数的计算。

```
private final Choreographer.FrameCallback myCallback = new Choreographer.
                                                    FrameCallback() {
    @Override
    public void doFrame(long frameTimeNanos) {

        if (lastFrameTimeNanos != 0) {

            // 上一帧的耗时
            long frameCost = frameTimeNanos - lastFrameTimeNanos;

            // 转换为 ms
            final long jitter = frameCost/ 1000000;

            // 计算出掉帧数
            final int dropFrameCount = (int) (jitter / frameIntervalMillis);

            // 帧数加一
            frameCount ++;
            // 掉帧数加一
        dropFrameCount += dropFrameCount;
```

```
        // 异常数据处理
        float frameDuration = Math.max(jitter, frameIntervalMillis);
        // 累加总时长
        frameTotalDurationMillis += frameDuration;


        long now = System.currentTimeMillis();
        if (now - lastFPSTime > 1000) {
            float fps = Math.min(refreshRate, 1000.f * frameCount /
                    frameTotalDurationMillis);
            lastFPSTime = now;
        }
    }

    lastFrameTimeNanos = frameTimeNanos;

    // 持续注册
    Choreographer.getInstance().postFrameCallback(frameCallback);
    }
};
```

上面的代码中做了如下几件事。

1. 通过这一帧的开始时间减去上一帧的开始时间得到上一帧的耗时 frameCost。

2. 用上一帧的耗时除以理论上每帧的耗时，得到上一帧的掉帧数。

3. 累加帧数和掉帧数。

4. 每帧耗时的异常数据处理，每帧耗时应不低于理论帧间隔时间。

5. 累加总时长。

6. 超出 1s 后，计算 FPS。

需要注意的是，其中有两个数据的校准操作，如下。

1. 单帧时间校准，每帧耗时应不低于理论帧间隔时间。理论帧间隔时间即 VSync 信号的发送间隔，它与屏幕刷新率相关，不能固定为 16.666ms。

2. FPS 数据校准，每秒的帧数不超过屏幕刷新率，不能固定为 60。

二者都涉及屏幕刷新率，我们可以通过 android.view.Display 的 getRefreshRate 获取当前设备的屏幕刷新率。

```
WindowManager windowManager = (WindowManager) context.getSystemService(Context.
                    WINDOW_SERVICE);
Display display = windowManager.getDefaultDisplay();
    float refreshRating = display.getRefreshRate();
```

这样我们就通过 Choreographer 获取到了 App 的 FPS 和掉帧数。

需要注意的是，Choreographer 是 ThreadLocal(线程间不共享)的，不同的线程调用 Choreographer.getInstance，其返回的值不同。

```
    public static Choreographer getInstance() {
```

```
        return sThreadInstance.get();
    }

    // choreographer 在不同线程间有不同的实例
    private static final ThreadLocal<Choreographer> sThreadInstance =
            new ThreadLocal<Choreographer>() {
        @Override
        protected Choreographer initialValue() {
            Looper looper = Looper.myLooper();
            if (looper == null) {
                throw new IllegalStateException("The current thread must have
                                                a looper!");
            }
            Choreographer choreographer = new Choreographer(looper,
                                          VSYNC_SOURCE_APP);
            if (looper == Looper.getMainLooper()) {
                mMainInstance = choreographer;
            }
            return choreographer;
        }
    };
```

因此，最好在主线程调用 getInstance 后保存一个实例，后面通过这个实例调用
postFrameCallback。

◆ **Choreographer 和 Looper 监控结合使用**

使用 Choreographer#FrameCallback 可以获取上一帧的耗时和 FPS，但这样做的缺点是只
能获取指标，在得知卡顿时上一帧已经过去，无法定位到卡顿原因。

要获取掉帧的原因，我们可以将 Choreographer 和 Looper 的卡顿监控机制结合起来。在收
到 Choreographer 的 doFrame 回调后，则认为当前正在执行绘制任务，如果此时 Looper 执行的
消息耗时超过卡顿阈值，即认为出现了卡顿和掉帧。这时去抓栈的话就可以获取引起这一帧掉
帧的原因。

Matrix 的卡顿监控里就有这个思路的实现，我们可以通过它的代码来了解实现方法。

```
//com/tencent/matrix/trace/core/UIThreadMonitor.java
    /**
     * 添加观察者或者手动调用执行，开始注册 callback
     * 注册 callback 及 Looper，开始检测绘制帧的耗时
     */
    @Override
    public synchronized void onStart() {
        //...

        // 注册输入 callback，等待下一帧回调执行到 input 的 callback
        addFrameCallback(CALLBACK_INPUT, this, true);
    }
```

```
//doFrame 的 callback 执行了，说明当前执行的是界面刷新消息
public void run() {
    doFrameBegin(token);    // 标记这是一个绘制任务
 //...
}

private void doFrameBegin(long token) {
    this.isVsyncFrame = true;
}

   /**
 * 在每一条消息执行后检查，如果是绘制帧，计算耗时
 */
private void dispatchEnd() {
    //...
    f (isVsyncFrame) {
        // 帧绘制结束
        doFrameEnd(token);
        // 获取这一帧应该开始的时间
        intendedFrameTimeNs = getIntendedFrameTimeNs(startNs);
    }

    this.isVsyncFrame = false;
}
```

在被调用 onStart 或者添加 Looper 观察者时，UIThreadMonitor 会向 Choreographer 中添加一个 CALLBACK_INPUT 类型的 callback，在它被回调时修改 isVsyncFrame 为 true。当消息开始执行时，LooperAnrTracer 会 postDelay（提交）一个延时任务，如果执行了就会抓栈；当消息执行耗时过久也进行抓栈。

我们可以结合 UIThreadMonitor 和 LooperAnrTracer 两者的功能，实现在获取 Looper 消息执行耗时及堆栈的同时，得知当前执行的是否是绘制任务，这样我们就可以将掉帧的数据和堆栈结合起来，将掉帧的原因补充得更加详细，从而找到掉帧的原因。

◆ **通过 FrameMetrics 获取每帧耗时**

FrameMetrics（android.view.FrameMetrics）是从 Android 7.0 开始提供的新 API，它提供了每帧的详细耗时数据，其中也包括当前帧的总耗时数据。我们可以用如下代码获取 FrameMetrics。

```
private void getRenderPerformance() {
// 新建一个监听器
    Window.OnFrameMetricsAvailableListener frameMetricsAvailableListener = new
        Window.OnFrameMetricsAvailableListener() {
        @Override
        public void onFrameMetricsAvailable(Window window, FrameMetrics frameMetrics,
```

```
                          int dropCountSinceLastInvocation) {
                // 获取这帧的总耗时，单位为 ns
                long totalDurationInNanos = frameMetrics.getMetric(FrameMetrics.
                                    TOTAL_DURATION);
            }
        };

        // 将监听器添加到窗口上
        getWindow().addOnFrameMetricsAvailableListener(frameMetricsAvailableListener,
                                    new Handler());

    }
```

除了总耗时，FrameMetrics 还提供了非常详细的每帧绘制耗时信息，其具体常量值、含义和可能导致耗时久的情况如表 6-2 所示。

表 6-2　FrameMetrics 提供的耗时信息

FrameMetrics 的常量值	含　义	可能导致耗时久的情况
UNKNOWN_DELAY_DURATION	UI 线程延迟处理绘制任务的耗时	主线程消息队列中正在执行的非绘制任务耗时太久，导致开始执行绘制任务太晚
INPUT_HANDLING_DURATION	输入事件处理函数的耗时	点击事件耗时太久
ANIMATION_DURATION	动画回调函数的耗时	动画太多或者回调函数耗时太久
LAYOUT_MEASURE_DURATION	整个 View 树的测量和布局的耗时	布局层级复杂，频繁改变尺寸或位置（比如复杂的属性动画）
DRAW_DURATION	布局绘制函数的耗时	draw/onDraw 里执行了耗时操作
SYNC_DURATION	主线程同步 DisplayList 到 RenderThread 的耗时	过度绘制，导致要更新的 DisplayList 过多
COMMAND_ISSUE_DURATION	RenderThread 发送绘制命令到 GPU 的耗时	绘制内容复杂
SWAP_BUFFERS_DURATION	将绘制的 buffer 交换到前台显示的耗时	—
TOTAL_DURATION	绘制一帧的总耗时	前面任意一个阶段耗时，最终这个值都会变大
FIRST_DRAW_FRAME	这帧是否是当前窗口的第一帧	—
INTENDED_VSYNC_TIMESTAMP	预期接收到 VSync 信号（也就是这帧开始执行）的时间戳	—
VSYNC_TIMESTAMP	真正接收到 VSync 信号的时间	主线程的耗时任务太多，会导致主线程响应 VSync 信号过慢
GPU_DURATION	GPU 完成这帧绘制的耗时	—

从表 6-2 可以看到，FrameMetrics 除了提供输入、动画、测量和绘制等的耗时，还提供了一些其他耗时，要理解这些耗时的含义，需要理解一帧的完整渲染流程。

如图 6-6 所示，收到 VSync 信号后，主线程会执行前面提到的事件处理、动画播放、布局测量和渲染处理，在这一步布局还没有真正完成绘制，只是根据我们在代码中对 View 或者 Canvas 的操作，计算出变更后的内容，得出描述要绘制信息的 DisplayList。然后将这些绘制信息同步给 RenderThread。

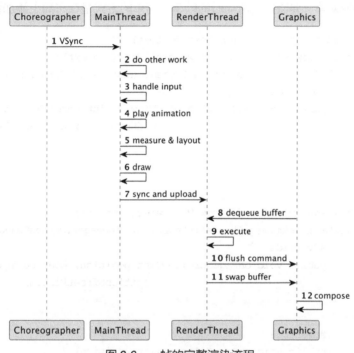

图 6-6　一帧的完整渲染流程

RenderThread 收到要绘制的内容后，会先从 BufferQueue 里取一块 buffer，然后将 View 或者 Canvas 的操作转换为 OpenGL 绘制命令，接着把这些绘制命令发送给 GPU，如果有图片显示操作还会将 Bitmap 转换为纹理对象并上传。然后把 buffer 写入 BufferQueue。图 6-7 所示是使用 Perfetto 抓取到的 RenderThread 工作内容。

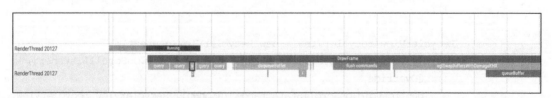

图 6-7　使用 Perfetto 抓取到的 RenderThread 工作内容

SurfaceFlinger 收到信号后从 BufferQueue 里取出数据，通过 HardwareComposer 进行 Surface 合成，然后交换 buffer 到前台进行显示。

理解这个流程后，再去看 FrameMetrics 提供的耗时信息，就会明白它们的含义了。

◆如何计算滑动帧率

使用 Choreographer Framecallback 的方式计算 FPS，会出现当没有绘制界面时 FPS 数值偏低的情况，无法真实反映用户使用体验。在实际监控中，我们更关注 App 在用户产生交互后的流畅性，比如滑动时是否卡顿。因此，我们需要在帧率的基础上，增加一个更加细致的指标：滑动帧率。

在实际业务中，我们使用的滑动组件主要包括 ScrollView、ViewPager、RecyclerView、HorizontalScrollView 等。要监控到滑动时的帧率，简单的方式是在布局上添加滑动监听器。

```java
private static void test(Context context) {
    ScrollView scrollView = new ScrollView(context);
    scrollView.setOnScrollChangeListener(new View.OnScrollChangeListener() {
        @Override
        public void onScrollChange(View v, int scrollX, int scrollY, int
                                    oldScrollX, int oldScrollY) {

        }
    });

    ViewPager viewPager = new ViewPager(context);
    viewPager.addOnPageChangeListener(new ViewPager.OnPageChangeListener() {
        @Override
        public void onPageScrolled(int position, float positionOffset, int
                                    positionOffsetPixels) {
        }

        @Override
        public void onPageSelected(int position) {
        }

        @Override
        public void onPageScrollStateChanged(int state) {
            // 通过 state 监听布局是否滑动
        }
    });

    RecyclerView recyclerView = new RecyclerView(context);
    recyclerView.addOnScrollListener(new RecyclerView.OnScrollListener() {
        @Override
        public void onScrollStateChanged(@NonNull RecyclerView recyclerView,
                                          int newState) {
            // 通过 state 监听布局是否滑动
        }
    });
}
```

这种方式需要找到布局里的每个滑动组件，实现成本太大。有什么办法可以统一监听到当前页面的所有布局滑动呢？

布局滑动本质上是一种事件，要获取整个布局所有层级的事件信息，可以通过 ViewTreeObserver 实现。通过 ViewTreeObserver 我们可以获取到整个 view 树中的事件，包括 layout、draw、touch 等事件，当然也包括我们期望获取的滑动事件。

我们可以通过 View#getViewTreeObserver 获取当前 View 树的 ViewTreeObserver。

```
//frameworks/base/core/java/android/view/View.java
public ViewTreeObserver getViewTreeObserver() {
    if (mAttachInfo != null) {
        return mAttachInfo.mTreeObserver;
    }
    if (mFloatingTreeObserver == null) {
        mFloatingTreeObserver = new ViewTreeObserver(mContext);
    }
    return mFloatingTreeObserver;
}
```

可以看到，默认返回的是 mAttachInfo 的 mTreeObserver。AttachInfo 由 ViewRootImpl 创建，同一个 View 树中的所有 View 共享 AttachInfo，因此我们获取的 mAttachInfo.mTreeObserver 在该窗口中任意一个子布局滑动时都会被调用。

简单看一下 ViewTreeObserver OnScrollChangedListener 的 onScrollChanged 是什么时候调用的。在 ViewTreeObserver 中，由 dispatchOnScrollChanged 将滑动事件分发给所有监听器。

```
frameworks/base/core/java/android/view/ViewTreeObserver.java
final void dispatchOnScrollChanged() {
    //...
    final CopyOnWriteArray<OnScrollChangedListener> listeners =
            mOnScrollChangedListeners;
    if (listeners != null && listeners.size() > 0) {
        CopyOnWriteArray.Access<OnScrollChangedListener> access =
                    listeners.start();
        try {
            int count = access.size();
            for (int i = 0; i < count; i++) {
                access.get(i).onScrollChanged();
            }
        } finally {
            listeners.end();
        }
    }
}
```

ViewTreeObserver 的 dispatchOnScrollChanged 会在 ViewRootImpl 的 draw 方法中被调用。

```
//frameworks/base/core/java/android/view/ViewRootImpl.java
```

```
    private boolean draw(boolean fullRedrawNeeded) {
        //...

        if (mAttachInfo.mViewScrollChanged) {
            mAttachInfo.mViewScrollChanged = false;
            mAttachInfo.mTreeObserver.dispatchOnScrollChanged();
        }
        //...
    }
```

而 ViewRootImpl 的 draw 方法会在 Choreographer 收到 VSync 信号后开始执行各个
类型的 callback 时调用到。决定是否调用 dispatchOnScrollChanged 时会检查 mAttachInfo.
mViewScrollChanged 是否为 true。

mAttachInfo.mViewScrollChanged 什么时候设置为 true 呢？答案是在 View 滑动时。

```
//frameworks/base/core/java/android/view/View.java
    protected void onScrollChanged(int l, int t, int oldl, int oldt) {
        //...

        final AttachInfo ai = mAttachInfo;
        if (ai != null) {
            // 这里设置为 true
            ai.mViewScrollChanged = true;
        }

        if (mListenerInfo != null && mListenerInfo.mOnScrollChangeListener != null) {
            mListenerInfo.mOnScrollChangeListener.onScrollChange(this, l, t,
oldl, oldt);
        }
    }
```

onScrollChanged 会在 View 的 scrollBy 或者 scrollTo 中调用：

```
    //frameworks/base/core/java/android/view/View.java
    public void scrollTo(int x, int y) {
        if (mScrollX != x || mScrollY != y) {
            //...
            onScrollChanged(mScrollX, mScrollY, oldX, oldY);
            if (!awakenScrollBars()) {
                postInvalidateOnAnimation();
            }
        }
    }

    public void scrollBy(int x, int y) {
        scrollTo(mScrollX + x, mScrollY + y);
    }
```

这样我们就知道了向 ViewTreeObserver 中添加 OnScrollChangedListener 后在什么情况下调用它：在滑动时会修改 View AttachInfo 的 mViewScrollChanged 为 true，然后在下一帧绘制时，ViewRootImpl 会将滚动变化分发给设置的监听器，调用流程如图 6-8 所示。

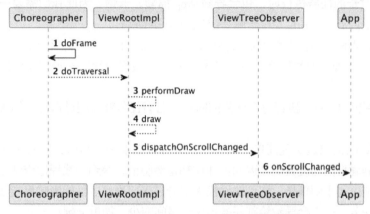

图 6-8　ViewTreeObserver 滑动监听调用流程

因此，我们先通过当前 Activity 的 decorView 获取 ViewTreeObserver，然后添加滑动监听器，即可获取到当前页面是否滑动。

```
View decorView = activity.getWindow().getDecorView();
    if (decorView != null) {
        decorView.getViewTreeObserver().addOnScrollChangedListener(new
ViewTreeObserver.OnScrollChangedListener() {
            @Override
            public void onScrollChanged() {
                // 开始滑动后向 Handler 中提交一个延迟执行的任务
                // 下次滑动后移除

                isScrolling = true;

                mHandler.removeCallbacks(onScrollFinishRunnable);
                mHandler.postDelayed(onScrollFinishRunnable, 100);
            }
        });
    }
```

由于 OnScrollChangedListener 的 onScrollChanged 没有状态，因此我们需要在 onScrollChanged 每次调用时向 Handler 中提交一个延时任务，再次滑动时移除。当延时任务执行时，说明滑动已经停止。

这样我们可以获取是否滑动的状态，在获取每帧的时长时，可以根据当前是否滑动，判断这帧是否是滑动帧，累加后计算即可得到滑动帧率。

6.2.2　主线程卡顿监控

App 的流畅度除了受绘制任务相关线程的执行时间影响，还受绘制任务执行时长的影响，当主线程有耗时长的任务执行时，也会导致 App 掉帧、卡顿。因此我们需要一种机制，能够监控到主线程是否卡顿，并且定位卡顿是哪里的代码导致的。

监控卡顿，等同于监控主线程是否存在长耗时消息，有如下几种常见的思路。

1. 定时向主线程的消息队列中提交任务，并在子线程中延迟一定时间后检查这个任务是否被执行。

2. 计算主线程 Looper 执行每个任务的时长，若有任务耗时超过自定义的阈值即可认为发生了卡顿。

第一种思路的优点是实现简单，缺点是获取的数据准确度有限，同时对性能也有不小的影响。数据不准确是因为设置的延迟阈值往往都是经验值，等到子线程检查到之前添加的任务未执行时往往错过了卡顿现场，抓到的堆栈大部分是无用堆栈。性能影响是指我们不断往主线程添加非绘制任务，一定会导致绘制任务的执行时间变少，加重卡顿。

第二种思路的优点是可以在任务执行完就立刻检测到其是否耗时过久，可以极大提升问题捕获成功率，在很多公司的 App 中都使用了这种思路。

要判断到主线程中任务执行是否过久，首先需要获取任务执行的耗时。我们再来回顾一下主线程消息循环的核心逻辑。

```
//android.os.Looper
private static boolean loopOnce(final Looper me,
        final long ident, final int thresholdOverride) {
    Message msg = me.mQueue.next(); // might block
    //...

    final Printer logging = me.mLogging;
    if (logging != null) {
        //(1) 通过 Printer 输出开始执行消息
        logging.println(">>>>> Dispatching to " + msg.target + " " +
                        msg.callback + ": " + msg.what);
    }

    final Observer observer = sObserver;

    final long traceTag = me.mTraceTag;
    //...
    if (traceTag != 0 && Trace.isTagEnabled(traceTag)) {
        //(2) 通过 atrace 记录开始执行消息
        Trace.traceBegin(traceTag, msg.target.getTraceName(msg));
    }

    final long dispatchStart = needStartTime ? SystemClock.uptimeMillis() : 0;
    final long dispatchEnd;
```

```
        Object token = null;
        if (observer != null) {
            //(3) 通知 Observer 开始执行
                token = observer.messageDispatchStarting();
        }


        try {
         // 执行消息
            msg.target.dispatchMessage(msg);

            if (observer != null) {
                    observer.messageDispatched(token, msg);
            }
            dispatchEnd = needEndTime ? SystemClock.uptimeMillis() : 0;
        } catch (Exception exception) {
            ///...
            throw exception;
        } finally {
            //...

            if (traceTag != 0) {
                    Trace.traceEnd(traceTag);
            }
        }


        if (logging != null) {
                logging.println("<<<<< Finished to " + msg.target + " " + msg.callback);
        }
        //...
    }
```

从上面的代码中我们可以看到，在任务执行前后有以下 3 种额外逻辑可以用来做耗时监控。

1. Printer#println。

2. Trace 的 traceBegin 和 traceEnd。

3. Observer 的 messageDispatchStarting 和 messageDispatched。

第一种额外逻辑 Printer#println 是不错的消息耗时统计"抓手"。这种方式的好处是实现简单，通过公开的 Looper.getMainLooper().setMessageLogging(myPrinter) 即可设置监听，从而获取消息执行的开始时间和结束时间，业内很多卡顿监控库都使用这种方法实现，比如 Android Performance Monitor（原理如图 6-9 所示）和 Matrix。缺点是调用 Printer 的 println 时会增加额外的字符串拼接逻辑，带来一定的性能损耗。

第二种额外逻辑 Trace 的 traceBegin 和 traceEnd 也可以用来统计消息耗时。可以在线下使用 Systrace 以图形化的方式查看某个任务的耗时情况，搜索的关键字是 msg.target.getTraceName(msg) 的返回值，也就是 Handler 的 getTraceName 方法返回的内容。

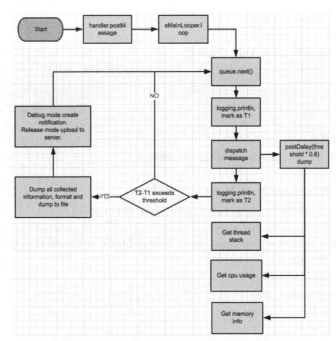

图 6-9　Android Performance Monitor 原理

```java
@NonNull
public String getTraceName(@NonNull Message message) {
    if (message.callback instanceof TraceNameSupplier) {
        return ((TraceNameSupplier) message.callback).getTraceName();
    }

    final StringBuilder sb = new StringBuilder();
    sb.append(getClass().getName()).append(": ");
    if (message.callback != null) {
        //Runnable 的类名
        sb.append(message.callback.getClass().getName());
    } else {
        sb.append("#").append(message.what);
    }
    return sb.toString();
}
```

可以看到，getTraceName 一般会返回 Handler 的类名＋冒号＋执行的 Runnable 的类名，比如 android.os.Handler: com.android.internal.util.PooledLambdaImpl，我们可以搜索业务代码里自定义的 Handler 名称查看相应的任务耗时，对于 ActivityThread 的 Handler 对象，也可以通过反射修改为自定义的 Handler。不过这种方式的实现成本比 Printer#println 的要高不少，如果要在线上使用需要开启 atrace，会带来一些性能损耗，所以使用得不多。

第三种额外逻辑通过设置 Observer 获取消息耗时的方式，性能损耗最少，可以获取明确的消息执行的开始时间和结束时间，也可以获取执行的消息信息。

```
public interface Observer {
// 消息开始执行
    Object messageDispatchStarting();

    // 消息结束执行
    void messageDispatched(Object token, Message msg);

     // 消息执行出错
    void dispatchingThrewException(Object token, Message msg,
                                    Exception exception);
}
```

但很可惜，这个接口在 target API 目标版本为 31 上被列入了 hidden API，App 无法直接使用，通过反射访问也会报错，如 "Reflective access to sObserver is forbidden when targeting API 31 and above"，因此对上层 App 来说基本不可用。

综合来看，实现主线程长耗时任务监控目前比较好的方式还是使用 Looper.getMainLooper().setMessageLogging(myPrinter)。前面提到 Matrix 也使用了这种方式，我们来看看它具体是怎么实现的吧！

◆ **Matrix 如何获取主线程任务执行耗时**

Matrix 是微信开源的 App 性能管理框架，可以帮助监控和定位 Android/iOS/macOS App 的性能问题。Matrix-android 是 Matrix 在 Android 平台上的 APM（Application Performance Management，App 性能管理）工具，包括安装包大小检测，以及启动、卡顿、内存泄漏等的监控功能，对于 Android 开发来说，它是学习性能监控不错的资料。

Matrix 中实现主线程任务执行耗时监控的代码主要在 LooperMonitor 中，它的 resetPrinter 方法就用于重置 Looper 的 Printer。

```
//com/tencent/matrix/trace/core/LooperMonitor.java
private synchronized void resetPrinter() {
 // 重置 Looper 的 Printer
 Printer originPrinter = null;
 try {
     if (!isReflectLoggingError) {
         originPrinter = ReflectUtils.get(looper.getClass(), "mLogging", looper);
             if (originPrinter == printer && null != printer) {
                 // 已经是当前要设置的对象
                     return;
             }
             //...
     }
 } catch (Exception e) {
     isReflectLoggingError = true;
 }
 looper.setMessageLogging(printer = new LooperPrinter(originPrinter));
}
```

可以看到，LooperMonitor 也调用了 looper.setMessageLogging，不过它比较细致的是没有直接替换旧的 Printer，而是保存了通过反射获取的原始 Printer，当 Looper 执行任务时先调用原始 Printer 的 println，然后将其分发给其他监听器。

```java
//com/tencent/matrix/trace/core/LooperMonitor.java
//isBegin = x.charAt(0) == '>'
private void dispatch(boolean isBegin, String log) {
    for (LooperDispatchListener listener : listeners) {
        if (isBegin) {
            // 开始执行
            if (!listener.isHasDispatchStart) {
                if (listener.historyMsgRecorder) {
                    // 如果需要记录历史消息，在这里保存时间戳
                    messageStartTime = System.currentTimeMillis();
                    latestMsgLog = log;
                    recentMCount++;
                }
                listener.onDispatchStart(log);
            }
        }
        else {
            if (listener.isHasDispatchStart) {
                if (listener.historyMsgRecorder) {
                    recordMsg(log, System.currentTimeMillis() -
messageStartTime, listener.denseMsgTracer);
                }
                listener.onDispatchEnd(log);
            }
        }
        //...
    }
}
```

如上面的代码所示，LooperMonitor 在被 Looper 调用 println 后，会先判断字符串是否以 ">" 开头（x.charAt(0) == '>'），是的话表示开始执行任务，否则表示任务执行完成，把开始和结束的事件分发给注册的监听器。另外 LooperMonitor 也支持记录 MessageQueue 中的历史消息，可以在消息执行结束后保存记录，保存的历史消息内容为任务描述和耗时，这个功能在主线程出现连续卡顿时可以用来定位具体是哪个任务耗时比较久。

为了避免注册的 Printer 被别人替换掉，LooperMonitor 还向 MessageQueue 中添加 IdleHandler，在 Looper 空闲时定期检查 Printer 是否被替换，是的话再抢占回来。

```java
//com/tencent/matrix/trace/core/LooperMonitor.java
// 注册 Looper，空闲时回调
private synchronized void addIdleHandler(Looper looper) {
    if (Build.VERSION.SDK_INT >= Build.VERSION_CODES.M) {
        looper.getQueue().addIdleHandler(this);
```

```
    } else {
        try {
          //Android 6.0 以前需要通过反射实现
            MessageQueue queue = ReflectUtils.get(looper.getClass(), "mQueue",
                                 looper);
            queue.addIdleHandler(this);
        } catch (Exception e) {
            Log.e(TAG, "[removeIdleHandler] %s", e);
        }
    }
}

@Override
public boolean queueIdle() {
// 定期检查是否被替换
    if (SystemClock.uptimeMillis() - lastCheckPrinterTime >= CHECK_TIME) {
        resetPrinter();
        lastCheckPrinterTime = SystemClock.uptimeMillis();
    }
    return true;
}
```

可以看到，在 queueIdle 中调用了 resetPrinter 检查、替换 Printer 并控制了执行频率，毕竟 resetPrinter 会执行反射，太频繁也不好。

到这里我们就了解了 Matrix 中 LooperMonitor 的作用，它保证了我们可以获取主线程 Looper 的消息调度开始和结束回调，是 Matrix 判断卡顿的最底层依据。

◆ **Matrix 如何在卡顿发生时及时捕获**

在获取主线程消息执行耗时后，我们就可以在任务执行的耗时超过自定义的阈值时做堆栈获取和上报。Matrix 中实现这个功能的类是 LooperAnrTracer。

```
//com/tencent/matrix/trace/tracer/LooperAnrTracer.java
@Override
public void dispatchBegin(long beginNs, long cpuBeginMs, long token) {
    super.dispatchBegin(beginNs, cpuBeginMs, token);
    // 消息开始执行

    //...
    long cost = (System.nanoTime() - token) / Constants.TIME_MILLIS_TO_NANO;
    //5s
    anrHandler.postDelayed(anrTask, Constants.DEFAULT_ANR - cost);
    //2s
    lagHandler.postDelayed(lagTask, Constants.DEFAULT_NORMAL_LAG - cost);
}

@Override
```

```
public void dispatchEnd(long beginNs, long cpuBeginMs, long endNs,
                        long cpuEndMs, long token, boolean isBelongFrame) {
    super.dispatchEnd(beginNs, cpuBeginMs, endNs, cpuEndMs, token,
                      isBelongFrame);
    // 消息执行完

    //...
    anrHandler.removeCallbacks(anrTask);
    lagHandler.removeCallbacks(lagTask);
}
```

可以看到，LooperAnrTracer 会在每次消息开始执行时，向另外一个线程的 Handler 延迟提交两个任务，分别用来判断是否发生 ANR 和卡顿，延迟执行时间分别为 5s 和 2s。

当消息在指定时间内执行结束时，移除相关任务，否则就抓取数据并上报，我们来看一下上报时做了什么。

```
//com/tencent/matrix/trace/tracer/LooperAnrTracer.java
class LagHandleTask implements Runnable {

    @Override
    public void run() {
        String scene = AppActiveMatrixDelegate.INSTANCE.getVisibleScene();
        boolean isForeground = isForeground();

        TracePlugin plugin = Matrix.with().getPluginByClass(TracePlugin.class);
        if (null == plugin) {
            return;
        }

        StackTraceElement[] stackTrace = Looper.getMainLooper().getThread().
                                         getStackTrace();
        String dumpStack = Utils.getWholeStack(stackTrace);

        JSONObject jsonObject = new JSONObject();
        //...

        Issue issue = new Issue();
        issue.setTag(SharePluginInfo.TAG_PLUGIN_EVIL_METHOD);
        issue.setContent(jsonObject);
        plugin.onDetectIssue(issue);

    }
}
```

可以看到，当卡顿发生时，获取了如下数据。

1. 当前可见的场景。

2. 是否在前台运行。

3. 主线程 Java 堆栈。

当 ANR 发生时，获取了如下数据。

1. 进程优先级。

2. 这期间执行的函数及其耗时。

3. 内存（Java 内存、Native 内存、虚拟内存）指标。

4. 主线程状态和堆栈。

5. 这一帧的详细数据：输入耗时、动画耗时、布局绘制耗时。

◆ **Matrix 如何监控 IdleHandler 卡顿**

日常开发中，我们可能会被 IdleHandler 的名称所误导，觉得它是主线程空闲的时候调用的方法，耗时久一点也没关系，这其实是不正确的。IdleHandler 也会导致卡顿，我们可以从 android.os.MessageQueue 的源代码中确认这个结论。

```
//android.os.MessageQueue
Message next() {
    //...
    int nextPollTimeoutMillis = 0;
    for (;;) {
        // 判断是否还有消息，没有的话会阻塞
        nativePollOnce(ptr, nextPollTimeoutMillis);

        synchronized (this) {
            //...
            if (msg != null) {
                if (now < msg.when) {
                    // 下一条消息还没到执行时间
                    nextPollTimeoutMillis = (int) Math.min(msg.when - now,
                                            Integer.MAX_VALUE);
                } else {
                    // 下一条消息到了执行时间
                    mBlocked = false;
                    if (prevMsg != null) {
                        prevMsg.next = msg.next;
                    } else {
                        mMessages = msg.next;
                    }
                    msg.next = null;
                    msg.markInUse();

                    // 找到消息，当前方法返回
                    return msg;
                }
            }
            //...
```

```
                       // 当前没有消息要执行或者消息还没到执行时间，调用之前添加的空闲 Handler
                       if (pendingIdleHandlerCount < 0
                               && (mMessages == null || now < mMessages.when)) {
                           pendingIdleHandlerCount = mIdleHandlers.size();
                       }
                       if (pendingIdleHandlerCount <= 0) {
                           mBlocked = true;
                           continue;
                       }

                       if (mPendingIdleHandlers == null) {
                               mPendingIdleHandlers = new IdleHandler[Math.max
                                               (pendingIdleHandlerCount, 4)];
                       }
                       mPendingIdleHandlers = mIdleHandlers.toArray(mPendingIdleHandlers);
                   }


                   // 执行 IdleHandler
                   for (int i = 0; i < pendingIdleHandlerCount; i++) {
                       final IdleHandler idler = mPendingIdleHandlers[i];
                       mPendingIdleHandlers[i] = null;

                       boolean keep = false;
                       try {
                   // 调用业务自定义的逻辑，如果返回 true，下次空闲还会执行 IdleHandler
                           keep = idler.queueIdle();
                       } catch (Throwable t) {
                           Log.wtf(TAG, "IdleHandler threw exception", t);
                       }

                       if (!keep) {
                           synchronized (this) {
                               mIdleHandlers.remove(idler);
                           }
                       }
                   }
                   //...
               }
           }
```

　　可以看到，当 Looper 执行时，会不断地从消息队列里取消息，如果当前消息队列里没有消息，或者消息队列里的第一条消息还没有到执行时间，就会执行之前添加的所有 IdleHandler。也就是说，IdleHandler 的 queueIdle 方法是在主线程执行的，如果在其中有耗时任务，同样会导致卡顿。

　　同时需要注意的是，IdleHandler#queueIdle 如果返回 false，本次执行完就会被删除。如果想要循环执行，需要返回 true。

从上面的代码中我们可以看到，由于 IdleHandler 和普通消息的执行逻辑不一样，无法通过 Printer 输出内容判断耗时。针对这种情况，Matrix 提供了另外一种思路：通过代理每个 IdleHandler 对象，在 queueIdle 执行前后增加卡顿监控逻辑。

具体怎么实现的呢？我们通过实现这个功能的 IdleHandlerLagTracer 的源代码来了解一下。

```java
//com/tencent/matrix/trace/tracer/IdleHandlerLagTracer.java
private static void detectIdleHandler() {
    try {
        //...
        MessageQueue mainQueue = Looper.getMainLooper().getQueue();
        Field field = MessageQueue.class.getDeclaredField("mIdleHandlers");
        field.setAccessible(true);
        // 替换成代理类 MyArrayList
        MyArrayList<MessageQueue.IdleHandler> myIdleHandlerArrayList = new
                                                MyArrayList<>();
        field.set(mainQueue, myIdleHandlerArrayList);

        idleHandlerLagHandlerThread.start();
        idleHandlerLagHandler = new Handler(idleHandlerLagHandlerThread.
                                getLooper());
    } catch (Throwable t) {
        MatrixLog.e(TAG, "reflect idle handler error = " + t.getMessage());
    }
}
```

在 IdleHandlerLagTracer 中，首先在 detectIdleHandler 方法中通过反射替换了主线程 MessageQueue 的 mIdleHandlers 成员变量，将其替换成 MyArrayList。

当我们添加自己的 IdleHandler 逻辑（调用 Looper.getMainLooper().getQueue().addIdleHandler）时，会将其添加到 mIdleHandlers 这个 List 中，后面 MessageQueue 空闲时会遍历执行 mIdleHandlers 的所有成员。

```java
//android.os.MessageQueue
public void addIdleHandler(@NonNull IdleHandler handler) {
    if (handler == null) {
        throw new NullPointerException("Can't add a null IdleHandler");
    }
    synchronized (this) {
        mIdleHandlers.add(handler);
    }
}

public void removeIdleHandler(@NonNull IdleHandler handler) {
    synchronized (this) {
        mIdleHandlers.remove(handler);
```

```
        }
    }
```

把 mIdleHandlers 替换为 MyArrayList 后，我们就可以代理它的 add 和 remove 方法，在其中对自定义的 IdleHandler 进行包装。

```
//com/tencent/matrix/trace/tracer/IdleHandlerLagTracer.java
static class MyArrayList<T> extends ArrayList {
    Map<MessageQueue.IdleHandler, MyIdleHandler> map = new HashMap<>();

    @Override
    public boolean add(Object o) {
        // 添加一个 IdleHandler，将其替换成 MyIdleHandler
        if (o instanceof MessageQueue.IdleHandler) {
            MyIdleHandler myIdleHandler = new MyIdleHandler((MessageQueue.
                                                IdleHandler) o);
            map.put((MessageQueue.IdleHandler) o, myIdleHandler);
            return super.add(myIdleHandler);
        }
        return super.add(o);
    }

    @Override
    public boolean remove(@Nullable Object o) {
        if (o instanceof MyIdleHandler) {
            MessageQueue.IdleHandler idleHandler = ((MyIdleHandler) o).
                                                idleHandler;
            map.remove(idleHandler);
            return super.remove(o);
        } else {
            MyIdleHandler myIdleHandler = map.remove(o);
            if (myIdleHandler != null) {
                return super.remove(myIdleHandler);
            }
            return super.remove(o);
        }
    }
}
```

如上面的代码所示，在 add 方法中会将原始的 IdleHandler 包装为 MyIdleHandler。

```
//com/tencent/matrix/trace/tracer/IdleHandlerLagTracer.java
static class MyIdleHandler implements MessageQueue.IdleHandler {
    private final MessageQueue.IdleHandler idleHandler;

    MyIdleHandler(MessageQueue.IdleHandler idleHandler) {
        this.idleHandler = idleHandler;
    }
```

```
@Override
public boolean queueIdle() {
    // 执行前延迟提交一个异常消息
    idleHandlerLagHandler.postDelayed(idleHandlerLagRunnable, traceConfig.
                                        idleHandlerLagThreshold);
    boolean ret = this.idleHandler.queueIdle();
    // 取消卡顿检测消息
    idleHandlerLagHandler.removeCallbacks(idleHandlerLagRunnable);
    return ret;
    }
}
```

在 MyIdleHandler 的 queueIdle 执行时先延迟提交一个消息,然后调用原始 IdleHandler 的 queueIdle 方法。如果 queueIdle 没有在指定的时间内执行完成,则认为卡顿了。

通过这种方式,我们实现了 IdleHandler 的卡顿监控。

6.2.3 线程运行情况监控

通过 FPS、掉帧率和卡顿数据,我们可以得知 App 的流畅度。除此之外,我们还需要知道主线程的 CPU time 等数据,以确认是否存在 CPU 被其他线程不正常抢占,导致主线程 CPU 时间过短的问题。

我们可以通过以下数据判断主线程的调度情况。

1. CPU time 和 Wall time。

2. 主线程的优先级。

3. 主线程被抢占的次数。

Wall time 指客观过去的时间,CPU time 指进程真正在 CPU 上执行的时间。一个进程的 CPU time 包括两部分:用户态时间(utime)和内核态时间(stime)。用户态时间指执行 App 代码的时间,而内核态时间指执行 App 调用的系统 API 花费的时间。

要获取当前进程的 CPU time,我们可以通过 /proc/${pid}/stat 实现:

```
emulator64_arm64: # cat /proc/26993/stat
 26993 (ndroid.settings) S 317 317 0 0 -1 1077936448 58082 1134 527 4 322 318 1 5
10 -10 31 0 1142171 15408558080 47440 18446744073709551615 434383728640 434383732656
549202166144 0 0 0 4612 1 1073775864 0 0 0 17 0 0 0 8 0 0 0 434383732736 434383734008
435375575040 549202167160 549202167238 549202167238 549202169822 0
```

返回的内容比较多,我们主要关注第 14 ～ 17 部分,把它们加起来就可以得到当前进程的总 CPU time。Wall time 就比较简单了,我们可以在各个场景进入和退出时分别记录开始时间和结束时间,相减得到这个场景的 Wall time。

获取主线程的优先级和调度情况,可以通过 /proc/${pid}/task/${pid}/sched 实现:

```
emulator64_arm64: # cat /proc/26993/task/26993/sched
```

```
ndroid.settings (26993, #threads: 31)
----------------------------------------------------------------
se.exec_start                          :         36594087.581945
se.vruntime                            :           626925.913763
// 总运行时间
se.sum_exec_runtime                    :             1892.188025
// 总休眠时间
se.statistics.sum_sleep_runtime        :         25930068.572341

// 累计等待运行的时间，即可运行状态的时间
se.statistics.wait_sum                 :             7306.111963
se.statistics.wait_count               :                    8547
// 累计等待 I/O 操作的时间
se.statistics.iowait_sum               :               86.472741
se.statistics.iowait_count             :                     272

// 总切换次数
nr_switches                            :                    8542
// 主动切换次数，比如等待 I/O
nr_voluntary_switches                  :                    4551
// 被动切换次数，比如被其他线程抢占 CPU
nr_involuntary_switches                :                    3991
//...
policy                                 :                       0
// 优先级
prio                                   :                     110
```

返回的内容比较多，我们主要关注其中的线程总切换次数、优先级、总运行时间、总休眠时间、可运行状态的时间、累计等待 I/O 操作的时间、主动切换和被动切换的次数等。

通过这些指标，我们就能判断出卡顿发生，究竟是否是因为 App 的主线程没有被 CPU 及时调度、发生过多 I/O 操作、被其他线程频繁抢占。如果是，就需要从 CPU 调度层面考虑优化方案。

◆ 小结

本节我们介绍了常见的线上流畅度监控方法，主要包括 FPS 和掉帧数、主线程卡顿和线程运行情况，通过将这些数据组合起来进行分析，可以帮助判断页面的流畅度和主要耗时原因。

在介绍主线程卡顿监控时我们结合了开源的 Matrix 的源代码进行分析，了解了在 Looper 执行消息和 IdleHandler 任务卡顿时如何监控；在介绍帧率、滑动帧率和掉帧数监控时，我们介绍了每帧绘制的基本流程和各个阶段，同时也提到，帧率的统计方式有很多，一般会综合使用多种策略。Matrix 2.0.8 就在不同 Android 版本上采用不同的 FPS 统计方式，其详细信息见表 6-3。

表 6-3　Matrix 2.0.8 在不同 Android 版本上的 FPS 统计方式

版　　　本	统 计 方 式	每帧开始时间	每帧结束时间	每 帧 耗 时
Android 8.0 以前	Looper + Choreographer	Looper 执行绘制任务开始时间	Looper 执行绘制任务结束时间	执行绘制任务的耗时
Android 8.0 及以后	FrameMetrics	IntendedVsyncTime	VsyncTime	VSync 信号被主线程其他任务耽搁的时间

6.3　线下流畅度分析

6.2 节我们了解了线上流畅度监控的实现方法及基本原理，本节我们来了解在线下分析流畅度时该如何进行。

线下分析页面是否卡顿一般有如下几种方式。

1. 使用开发者选项。

2. 使用 Android Studio Profiler。

3. 使用 Systrace。

6.3.1　使用开发者选项分析卡顿问题

开发者选项是 Android 系统为开发者提供的调试分析工具，如图 6-10 所示，我们可以在手机的"设置"→"系统设置"→"开发者选项"中开启相关功能。

图 6-10　开发者选项

开发者选项提供了如下功能来帮助我们分析卡顿问题。

1. GPU 呈现模式分析。

2. 调试 GPU 过度绘制。

GPU 呈现模式分析可以用来查看界面刷新频率和绘制过程各阶段的耗时。如图 6-11 所示，当我们选中"GPU 呈现模式分析"→"在屏幕上显示为条形图"后，即可在手机屏幕底部看到绘制的耗时条形图。

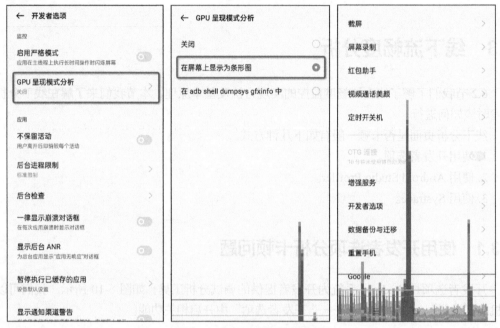

图 6-11　GPU 呈现模式分析

GPU 呈现模式条形图由不同颜色的分段组成，每个分段表示绘制过程中的一个阶段。绿色表示输入处理、动画和测量/布局，深蓝色表示绘制，浅蓝色表示同步和上传，红色表示发起绘制命令，具体含义见表 6-4。

表 6-4　GPU 呈现模式条形图的颜色含义

竖条颜色	绘制阶段	说　　明
橙色	交换缓冲区	表示 CPU 等待 GPU 完成其工作的时间。如果此竖条太高，则表示应用在 GPU 上执行太多工作
红色	命令问题	表示 Android 的 2D 渲染器向 OpenGL 发起绘制和重新绘制显示列表的命令所花的时间。此竖条的高度与它处理每个显示列表所花的时间的总和成正比——显示列表越多，红色条就越高
浅蓝色	同步和上传	表示将位图信息上传到 GPU 所花的时间。大段表示应用花费大量的时间加载大量图形
深蓝色	绘制	表示用于创建和更新视图显示列表的时间。如果此颜色的竖条很高，则表明可能有许多自定义视图绘制，或者 onDraw 函数执行的工作很多

续表

竖条颜色	绘 制 阶 段	说 明
浅绿色	测量 / 布局	表示在视图层次结构中的 onLayout 和 onMeasure 回调上所花的时间。大段表示此视图层次结构正在花很长时间进行测量或布局
浅绿色	动画	表示评估运行该帧的所有动画程序所花的时间。如果此段很大，则表示应用可能在使用性能欠佳的自定义动画程序，或者因更新属性而导致一些意料之外的工作
浅绿色	输入处理	表示应用执行输入 Event 回调中的代码所花的时间。如果此段很大，则表示此应用花太多时间处理用户输入，可考虑将此处理任务分流到另一个线程
浅绿色	其他时间 /VSync 延迟	表示应用执行两个连续帧之间的操作所花的时间。它可能表示界面线程中进行的处理任务太多，而这些处理任务本可以分流到其他线程

查看呈现模式条形图时，主要关注两点：是否存在整体过高问题、条形是否刷新频繁。当条形图的高度超过底部的红色横线时，我们就可以认为出现掉帧了。掉帧时，如果绿色分段占比较大，可以从列表滚动事件处理、动画绘制、布局层级角度进行分析；如果蓝色分段占比较大，可以对自定义 View 的 onDraw、dispatchDraw 等方法进行分析；如果红色分段占比较大，可以从绘制命令是否过多、绘制内容是否过于复杂（比如大量的图片）的角度进行分析。

调试 GPU 过度绘制可以用来查看布局层级是否合理。打开过度绘制检测开关后，会在 App 界面上增加绿色、蓝色、红色等的遮罩，我们可以根据遮罩的颜色判断布局层级是否过深，图 6-12 是在开发者选项中开启该功能后某视频 App 的测试效果。

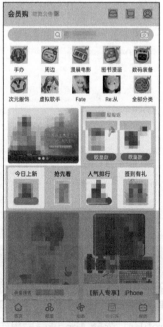

图 6-12　GPU 过度绘制开启方式及测试效果

不同遮罩颜色的含义与是否需要优化见表 6-5。

表 6-5 不同遮罩颜色的含义与是否需要优化

颜　色	含　义	是否需要优化
无颜色	仅绘制 1 次，无过度绘制	否
浅蓝色	绘制了 2 次，存在一次过度绘制	可以接受
浅绿色	绘制了 3 次，存在两次过度绘制	需要考虑优化
浅红色	绘制了 4 次，存在 3 次过度绘制	需要优化
深红色	绘制了 5 次及以上，存在至少 4 次过度绘制	必须优化

6.3.2 使用 Android Studio Profiler 分析卡顿问题

随着 Android 团队的不断优化，Android Studio Profiler（如图 6-13 所示）的性能分析能力越来越强大。从 Android Studio Chipmunk | 2021.2.1 Patch 1 版本开始，Profiler 集成了 Systrace 和采样抓栈的功能，可以提供采样期间的如下信息。

- 正在交互的页面（Activity/Fragment）名称。
- CPU 频率和繁忙程度。
- 物理内存情况。
- 不同线程的堆栈执行耗时情况。

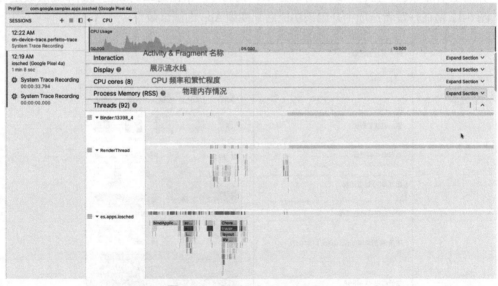

图 6-13 Android Studio Profiler

通过使用 Profiler 的采样功能，我们无须在代码里埋点即可获取函数的耗时情况，这对分析卡顿问题非常有帮助。要使用它，我们可以从 Android Studio 顶部的"View"→"Tool Windows"打开 Profiler，选择 App 进程后单击 CPU 面板，进入 CPU Profiler 界面。如图 6-14 所示，默认会展示当前 App 的 CPU 使用率和线程数。

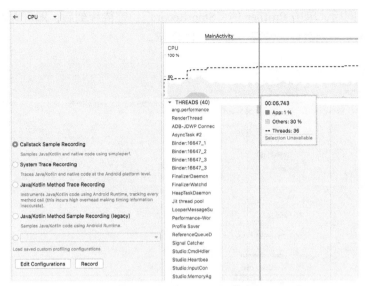

图 6-14　CPU Profiler 界面

要获取具体的函数执行耗时，需要开启实时采集功能。我们可以单击图 6-14 所示界面左下角的"Record"，也可以在 App 的运行配置中设置（如图 6-15 所示）。

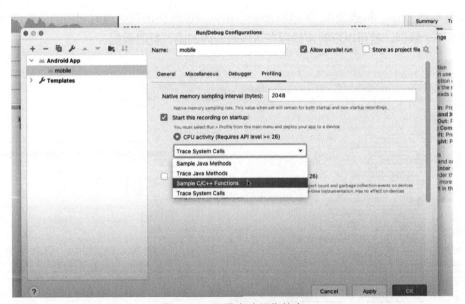

图 6-15　配置启动采集信息

配置完成后，单击 Profile 按钮，即可启动 App 并开始测试，如图 6-16 所示。

图 6-16　启动 App 并开始测试

采集一段时间后，单击 Profiler 的"Stop Record"，等待片刻后，即可看到采集期间各个线程的 CPU 使用率和函数耗时情况，如图 6-17 所示。

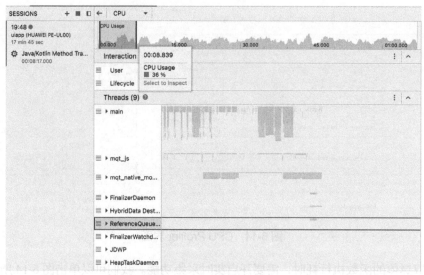

图 6-17　采集到的数据

如图 6-18 所示，框选顶部"CPU Usage"的某段区间会出现这段时间内的函数调用情况，然后单击某个线程，就可以查看该线程在这段时间内的函数耗时数据。

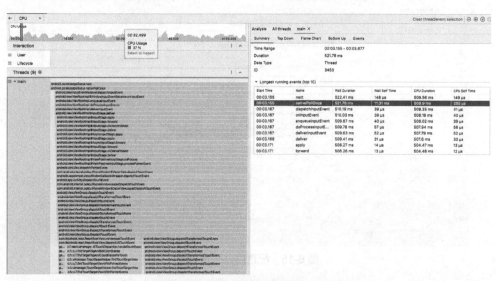

图 6-18　某个线程的函数耗时数据

对于查看线程的函数耗时数据，Profiler 支持多种方式。比如要以自顶向下的方式查看函数耗时数据，可以单击图 6-18 所示界面右侧的"Top Down"，单击后的结果如图 6-19 所示。

要以火焰图的方式查看函数耗时数据，可以单击"Top Down"旁的"Flame Chart"，结果如图 6-20 所示。

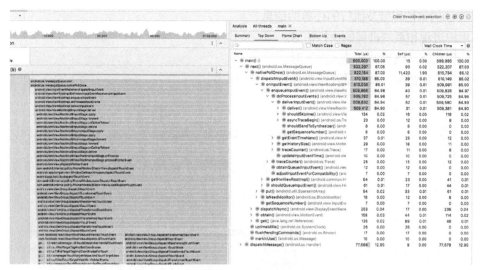

图 6-19　Top Down 视图

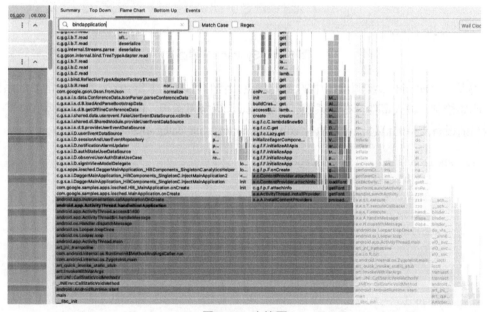

图 6-20　火焰图

　　一般来说，使用火焰图分析问题的效率更高，根据火焰图上的比例我们可以很方便地得出函数的耗时情况，重点关注区块较长的非系统代码。此外 Profiler 的火焰图也支持搜索函数名，搜索后会高亮显示命中的内容。

6.3.3　使用 Systrace 分析卡顿

　　除了 Android Studio Profiler，另外一个常用的卡顿分析工具是 Systrace（见图 6-21）。相较于 Profiler，Systrace 的功能更为强大，可以提供如下信息。

- CPU 的繁忙程度及执行的任务的信息。
- 用户进程和系统进程的执行信息。
- 线程状态、线程的详细执行耗时。
- 内存分配情况、帧率是否正常等。

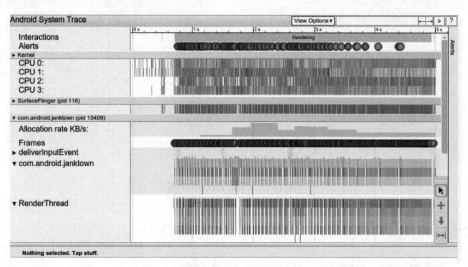

图 6-21　Systrace 主界面

得益于 Android 系统源代码中的大量埋点，我们可以通过 Systrace 看到非常多的系统信息，比如绘制、输入事件、布局系统、WebView、虚拟机运行、Binder 调用、磁盘 I/O 等。要查看当前设备支持的信息，可以执行 adb shell atrace --list_categories。

```
adb shell atrace --list_categories
        gfx - Graphics
      input - Input
       view - View System
    webview - WebView
         wm - Window Manager
         am - Activity Manager
         sm - Sync Manager
      audio - Audio
      video - Video
     camera - Camera
        hal - Hardware Modules
        res - Resource Loading
     dalvik - Dalvik VM
         rs - RenderScript
       //...
       idle - CPU Idle
       disk - Disk I/O
       sync - Synchronization
  memreclaim - Kernel Memory Reclaim
```

```
binder_driver - Binder Kernel driver
binder_lock - Binder global lock trace
    memory - Memory
```

可以看到，Systrace 支持的信息非常多，正是由于它信息全面且支持定制，在复杂 App 的性能优化中，Systrace 是极常用的工具。

Systrace 的脚本文件在 { SDK 目录 }/platform-tools/ 下（如果这个目录下没有 systrace.py 文件，则可以使用 perfetto 代替），我们可以通过 Python 执行这个目录下的 systrace.py 文件，如下。

```
python systrace.py --time=10 gfx input view sched wm am sm audio res dalvik rs
power pm ss database network disk mmc sync workq memreclaim binder_driver binder_
lock -b 8192 -o DemoTrace.html -a top.shixinzhang.performance
```

以下解释部分参数的含义。

1. --time 后跟随的是本次数据采集的时间，单位是 s。

2. gfx、input、view、sched 等是系统内置标记的名称，参数里有这些标记，就会统计对应的信息。gfx 指图形绘制相关数据；view 指代码中的 View 的测量、布局、绘制等相关的数据；sched 指设备 CPU 运行情况。

3. -o 后跟随的是保存采集结果的文件名称，可以自行修改。

4. -a 后跟随的是 App 包名，当我们在 App 内添加 systrace 标记后，需要传递这个参数才能在 Systrace 上看到相关数据。

执行 systrace.py 后，开始操作要测试的功能，等待采集时间结束，就会在执行路径下生成 HTML 文件。

可以双击打开文件或者把文件拖曳到 Chrome 浏览器中打开，打开后，在左侧找到我们的 App 包名然后展开，就可以看到各个线程的执行状态及各阶段耗时情况。

如图 6-22 所示，通过 Systrace 我们可以看到测试过程中 App 的各个线程都在执行什么任务、执行了多久。主线程顶部的图标，表示每一帧的状态，绿色表示帧正常，黄色和红色表示有较为严重的掉帧。单击图标可以在图中高亮显示这一帧的执行情况，在掉帧时还会在底部面板出现提醒信息，如图 6-23 所示。

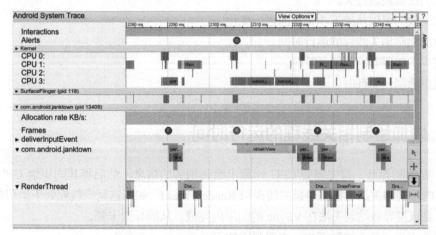

图 6-22　线程执行的任务和每帧是否正常

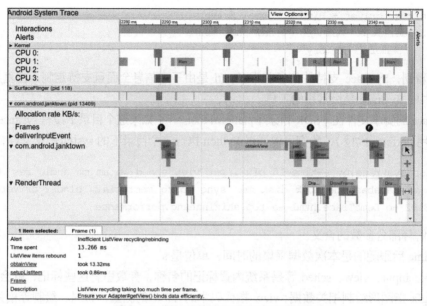

图 6-23 某一帧的执行情况及异常提醒

6.4 流畅度优化如何进行

通过 6.2 节和 6.3 节我们了解了流畅度的监控、分析方法，通过线上监控和线下分析，我们可以找到不合理的代码并对其进行优化。除此之外，我们还需要知道如何编写更好的代码，从而提升 App 的流畅度。本节我们来了解如何优化代码避免出现卡顿问题。

我们回顾一下影响 App 流畅度的因素，也就是什么会导致卡顿。常见的卡顿原因如下。

1. 绘制相关线程获得的 CPU 时间过少。
2. 主线程消息队列里绘制无关任务（如 I/O、Binder、锁）的耗时太多。
3. 绘制任务耗时过久。

因此，我们可以从如下 3 个方面进行优化。

1. 增加绘制相关线程的运行时间。
2. 减少主线程非绘制任务耗时。
3. 减少绘制任务耗时。

6.4.1 增加绘制相关线程的运行时间

App 要绘制界面，首先需要 CPU 计算出绘制相关的信息，然后将其同步给 GPU 进行绘制。App 内绘制相关的线程主要是主线程和 RenderThread，如果这两个线程处于运行状态的时间太少，会直接导致绘制无法在 VSync 的间隔内完成，从而导致卡顿。

线程处于运行状态的时间少，主要原因如下。

1. 线程优先级不高。

2. 线程抢占频繁。

3. 线程没有处于可运行状态。

◆提升核心线程优先级

Android 上线程能够被分配多少 CPU 时间片，取决于线程的优先级。我们一般会通过如下两种方式修改线程的优先级。

```
Process.setThreadPriority(Process.THREAD_PRIORITY_AUDIO);
Thread #setPriority(8);
```

这两种方式最终都是通过修改 nice 值实现的。

我们先来看一下 Process.setThreadPriority 的实现方式。

```
//android.os.Process
/**
 * 基于 Linux 优先级，设置线程的优先级
 *
 * @param tid The identifier of the thread/process to change.
 * @param priority A Linux priority level, from -20 for highest scheduling
 * priority to 19 for lowest scheduling priority.
 *
 */
public static final native void setThreadPriority(int tid, int priority)
        throws IllegalArgumentException, SecurityException;
```

从注释可以看出，Process.setThreadPriority 的参数的含义和 nice 值的一样，值越小优先级越高，范围是 [-20, 19]。

Process.setThreadPriority 是通过 setpriority 和 getpriority 实现的：

```
//system/core/libutils/Threads.cpp
#if defined(__ANDROID__)
int androidSetThreadPriority(pid_t tid, int pri)
{
    int rc = 0;
    int curr_pri = getpriority(PRIO_PROCESS, tid);

    if (curr_pri == pri) {
        return rc;
    }

    if (setpriority(PRIO_PROCESS, tid, pri) < 0) {
        rc = INVALID_OPERATION;
    } else {
        errno = 0;
    }
```

```
        return rc;
    }
```

接着来了解 Thread#setPriority 的最终实现方式。

```
//system/libartpalette/palette_android.cc
palette_status_t PaletteSchedSetPriority(int32_t tid, int32_t managed_priority)
{
    if (managed_priority < art::palette::kMinManagedThreadPriority ||
        managed_priority > art::palette::kMaxManagedThreadPriority) {
        return PALETTE_STATUS_INVALID_ARGUMENT;
    }
    int new_nice = kNiceValues[managed_priority -
                                art::palette::kMinManagedThre adPriority];
    int curr_nice = getpriority(PRIO_PROCESS, tid);   // 重点 1

    if (curr_nice == new_nice) {
        return PALETTE_STATUS_OK;
    }

    if (setpriority(PRIO_PROCESS, tid, new_nice) != 0) {   // 重点 2
        return PALETTE_STATUS_CHECK_ERRNO;
    }
    return PALETTE_STATUS_OK;
}
```

```
//system/libartpalette/palette_android.cc
static const int kNiceValues[art::palette::kNumManagedThreadPriorities] = {
        ANDROID_PRIORITY_LOWEST,   // 1 (MIN_PRIORITY)
        ANDROID_PRIORITY_BACKGROUND + 6,
        ANDROID_PRIORITY_BACKGROUND + 3,
        ANDROID_PRIORITY_BACKGROUND,
        ANDROID_PRIORITY_NORMAL,   // 5 (NORM_PRIORITY)
        ANDROID_PRIORITY_NORMAL - 2,
        ANDROID_PRIORITY_NORMAL - 4,
        ANDROID_PRIORITY_URGENT_DISPLAY + 3,
        ANDROID_PRIORITY_URGENT_DISPLAY + 2,
        ANDROID_PRIORITY_URGENT_DISPLAY   // 10 (MAX_PRIORITY)
};
```

通过 Process.setThreadPriority 和 Thread#setPriority 的实现方式，我们可以看到：在 Android 上修改线程的优先级，最终会通过执行 setpriority、getpriority 实现。

```
#include <sys/resource.h>

int getpriority(int which, id_t who);
int setpriority(int which, id_t who, int prio);
```

我们知道绘制相关的线程主要是主线程和 RenderThread，因此我们一方面可以主动为这两线程设置高优先级；另一方面也需要监控、拦截到业务代码或者系统代码中将这两个线程优先级调低的操作。Matrix 中提供了监控线程优先级修改的操作，我们来了解它是怎么实现的。

Matrix 实现这个功能的入口类是 ThreadPriorityTracer，在其中会通过 nativeInitMainThread PriorityDetective 初始化代码。

```
//matrix/matrix-android/matrix-trace-canary/src/main/cpp/MatrixTracer.cc
static void nativeInitMainThreadPriorityDetective(JNIEnv *env, jclass) {
    xhook_grouped_register(HOOK_REQUEST_GROUPID_THREAD_PRIO_TRACE,
                        ".*\\.so$", "setpriority",(void *) my_setpriority,
                        (void **) (&original_setpriority));
    xhook_grouped_register(HOOK_REQUEST_GROUPID_THREAD_PRIO_TRACE,
                        ".*\\.so$", "prctl",(void *) my_prctl,
                        (void **) (&original_prctl));
    xhook_refresh(true);
}
```

可以看到，在其中通过 xhook 拦截了所有 .so 文件对 setpriority 的调用，我们来看看在 setpriority 代理函数中做了什么。

```
//matrix/matrix-android/matrix-trace-canary/src/main/cpp/MatrixTracer.cc
int my_setpriority(int __which, id_t __who, int __priority) {

    //__who 为 0 时表示当前进程调用
    if ((__who == 0 && getpid() == gettid()) || __who == getpid()) {
        // 先获取之前的优先级
        int priorityBefore = getpriority(__which, __who);
        JNIEnv *env = JniInvocation::getEnv();
        // 调用 Java 侧方法，通知优先级要发生变更
        env->CallStaticVoidMethod(gJ.ThreadPriorityDetective,
gJ.ThreadPriorityDetective_onMainThreadPriorityModified, priorityBefore, __priority);
    }

    return original_setpriority(__which, __who, __priority);
}
```

setpriority 的参数中，__who 表示 ID，根据 __which 的值分别表示：进程 ID、进程组 ID 和用户 ID。传 0 时表示当前进程的 ID。

在 setpriority 代理函数中，如果是当前进程调用的优先级修改，并且修改的是主线程的优先级，就执行 Java 侧的方法 onMainThreadPriorityModified。

```
//com/tencent/matrix/trace/tracer/ThreadPriorityTracer.java
    private static void onMainThreadPriorityModified(int priorityBefore,
                                                    int priorityAfter) {
        try {
            TracePlugin plugin = Matrix.with().getPluginByClass(TracePlugin.
                            class);
```

```
        if (null == plugin) {
            return;
        }

        // 获取 Java 调用栈
        String stackTrace = Utils.getMainThreadJavaStackTrace();

        JSONObject jsonObject = new JSONObject();
        // 设备信息
        jsonObject = DeviceUtil.getDeviceInfo(jsonObject,
                    Matrix.with().getApplication());
        jsonObject.put(SharePluginInfo.ISSUE_STACK_TYPE,
                    Constants.Type.PRIORITY_MODIFIED);
        // 堆栈
        jsonObject.put(SharePluginInfo.ISSUE_THREAD_STACK, stackTrace);
        // 要更新的优先级
        jsonObject.put(SharePluginInfo.ISSUE_PROCESS_PRIORITY, priorityAfter);

        Issue issue = new Issue();
        issue.setTag(SharePluginInfo.TAG_PLUGIN_EVIL_METHOD);
        issue.setContent(jsonObject);
        plugin.onDetectIssue(issue);
        MatrixLog.e(TAG, "happens MainThreadPriorityModified : %s ",
                    jsonObject.toString());
    } catch (Throwable t) {
        MatrixLog.e(TAG, "onMainThreadPriorityModified error: %s",
                    t.getMessage());
    }
}
```

可以看到，在 onMainThreadPriorityModified 中获取了当前的调用栈，也就是 setpriority 的上层 Java 调用栈，这样就能知道是谁修改了主线程的优先级，并且将其调整得更高还是更低。

我们来本地测试一下，在初始化 Matrix 时打开 TraceConfig 的 enableMainThreadPriorityTrace 开关，然后修改进程优先级。

```
Process.setThreadPriority(Process.THREAD_PRIORITY_AUDIO);
```

执行后在"Logcat"中搜索关键字"ThreadPriorityTracer"即可看到 Matrix 输出的日志（需要设置 isDebug 为 true）。

```
{
    "machine":"HIGH",
    "cpu_app":0,
    "mem":7640653824,
    "mem_free":3645408,
    "detail":"PRIORITY_MODIFIED",
    "threadStack":"...",
```

```
"processPriority":-16,        // 等于 Process.THREAD_PRIORITY_AUDIO
"tag":"Trace_EvilMethod",
"process":"top.shixinzhang.performance",
"time":1661161176091
}
```

可以看到，Matrix 成功捕获了进程优先级的修改，并且拿到的优先级信息 -16 和我们设置的 Process.THREAD_PRIORITY_AUDIO 一致，堆栈也符合预期。

```
dalvik.system.VMStack.getThreadStackTrace(Native Method)
java.lang.Thread.getStackTrace(Thread.java:1724)
com.tencent.matrix.trace.util.Utils.getMainThreadJavaStackTrace(Utils.java:84)
com.tencent.matrix.trace.tracer.ThreadPriorityTracer.onMainThreadPriorityModified
android.os.Process.setThreadPriority(Native Method)
top.shixinzhang.performance.fluency.FluencyMonitorActivity$3.run
android.os.Handler.handleCallback(Handler.java:938)
android.os.Handler.dispatchMessage(Handler.java:99)
android.os.Looper.loopOnce(Looper.java:233)
android.os.Looper.loop(Looper.java:344)
android.app.ActivityThread.main(ActivityThread.java:8191)
java.lang.reflect.Method.invoke(Native Method)
com.android.internal.os.RuntimeInit$MethodAndArgsCaller.run
com.android.internal.os.ZygoteInit.main(ZygoteInit.java:1034)
```

Matrix 实现了主线程优先级修改监控的功能，我们可以基于它进行拓展，在运行时获取到 RenderThread 的线程 ID，然后对 RenderThread 的优先级修改进行监控，具体实现方式不赘述。

◆ 减少线程抢占

除了线程优先级，另外一个影响绘制相关线程运行时间的因素是：线程抢占。

Linux 中目前使用的主流进程 / 线程调度方式是 CFS（Completely Fair Scheduler，完全公平调度器），CFS 在分配时间片时，会根据当前可运行的线程数及其优先级计算线程的权重，优先级越高权重越高。可以简单理解为：单个时间片等于当前线程的权重除以所有线程的权重之和，再乘调度周期。因此如果线程很多，那单个线程被分配的时间片就会变小，可能会导致任务还没有执行完，就被其他线程抢占了 CPU。

那如何减少线程抢占呢？主要有如下两种做法。

1. 减少线程数，复用线程池。

2. 及时停止子线程。

减少线程数，是指通过复用线程池等方式，将进程内的线程的数量控制在一定范围内。这样参与时间片分配的总线程数变少后，单个时间片就会大一些。常见方式如下。

1. 减少 new Thread 的使用，并在编译时修改字节码，将 new Thread 修改为提交到线程池执行。

2. 开发 SDK 时提供接口，通过外部注入线程池而不是自己新建。

及时停止子线程，是指在任务结束后，及时停止线程任务。线程结束后没有及时退出的典型例子是 HandlerThread 和线程池的核心线程。HandlerThread 是一个特殊的线程，它内部有一个 Looper，在启动后会无限循环。

```
//android.os.HandlerThread
public class HandlerThread extends Thread {
    int mPriority;
    int mTid = -1;
    Looper mLooper;
    private @Nullable Handler mHandler;

    @Override
    public void run() {
        mTid = Process.myTid();
        Looper.prepare();
        synchronized (this) {
            mLooper = Looper.myLooper();
            notifyAll();
        }
        Process.setThreadPriority(mPriority);
        onLooperPrepared();

        Looper.loop(); // 这一行会无限循环

        mTid = -1;
    }
}
```

如果没有主动调用退出函数，HandlerThread 始终不会结束。因此我们需要在任务结束后，主动调用 HandlerThread 的 quit 或者 quitSafely 方法。

线程池 ThreadPoolExecutor 的核心线程也是类似的，当我们创建线程池时设置核心线程数量不为 0，就会在线程池内部创建对应数量的常驻线程：

```
//java.util.concurrent.ThreadPoolExecutor
    public ThreadPoolExecutor(
        int corePoolSize,                       // 核心线程的数量
        int maximumPoolSize,                    // 最大线程数量
        long keepAliveTime,                     // 超出核心线程数量以外的线程的空余存活时间
        TimeUnit unit,                          // 存活时间的单位
        BlockingQueue<Runnable> workQueue,      // 保存待执行任务的队列
        ThreadFactory threadFactory,            // 创建新线程使用的工厂
        RejectedExecutionHandler handler        // 当任务无法执行时的处理器
    ) {...}

    //java.util.concurrent.ThreadPoolExecutor
    final void runWorker(Worker w) {
        Thread wt = Thread.currentThread();
        Runnable task = w.firstTask;
        //...
```

```
        try {
            while (task != null || (task = getTask()) != null) {
                //...
            }
            completedAbruptly = false;
        } finally {
            processWorkerExit(w, completedAbruptly);
        }
    }
```

当线程运行时，会先执行 getTask 方法取任务，然后执行：

```
//java.util.concurrent.ThreadPoolExecutor
    private Runnable getTask() {
        boolean timedOut = false; // Did the last poll() time out?

        for (;;) {
            int c = ctl.get();
            int rs = runStateOf(c);

            if (rs >= SHUTDOWN && (rs >= STOP || workQueue.isEmpty())) {
                decrementWorkerCount();
                return null;
            }

            int wc = workerCountOf(c);

            boolean timed = allowCoreThreadTimeOut || wc > corePoolSize;

            if ((wc > maximumPoolSize || (timed && timedOut))
                && (wc > 1 || workQueue.isEmpty())) {
                if (compareAndDecrementWorkerCount(c))
                    return null;
                continue;
            }
        }
    }
```

可以看到在 getTask 中也有一个无限循环，核心线程即使没有任务也会一直执行不退出。为了减少不必要的线程抢占，我们需要减少核心线程数，或者通过 ThreadPoolExecutor 的 allowCoreThreadTimeOut 方法，让核心线程在没有任务时能退出。

除了线程数，还影响线程抢占的是子线程的优先级和繁忙程度。

类似 6.2 节介绍的方法，我们需要对子线程的执行时间和优先级做统计，找到优先级高但实际没那么重要的线程，将它们的优先级设置得低一点，这样就会减少对绘制相关线程的抢占。

在实际的项目中，我们还发现由于代码逻辑异常，会出现循环没有退出、定时任务时间间隔太短等情况，这会导致对应的线程变成 CPU 使用"大户"，从而影响主线程的绘制任务。针对这种情况，我们需要通过遍历 /proc/${pid}/task 下的所有线程，统计它们的执行时间，发现并优化过度使用 CPU 的线程。

6.4.2 减少主线程非绘制任务耗时

提升 App 的流畅度，除了增加主线程和 RenderThread 的运行时间，我们还需要进一步把主线程的运行时间更多地用在绘制相关任务上。

一般来说，主线程执行的非绘制任务的功能和耗时点如表 6-6 所示。

表 6-6　主线程执行的非绘制任务的功能和耗时点

功　　能	耗　时　点
缓存读取	文件 I/O、等锁
布局解析	文件 I/O、反射、类加载
发起数据请求	文件 I/O、Binder 调用
数据解析、更新	等锁

在页面刚开始加载时，我们可能会通过 SharedPreferences 加载本地的配置信息，此时主线程会等待子线程加载完才继续执行；如果直接使用文件作为缓存加载配置信息，则需要等待文件读取完成才能继续执行。配置信息越多耗时越久。

```
//android.app.SharedPreferencesImpl
    public boolean getBoolean(String key, boolean defValue) {
        synchronized (mLock) {
            awaitLoadedLocked();
            Boolean v = (Boolean)mMap.get(key);
            return v != null ? v : defValue;
        }
    }
```

在布局解析阶段，我们需要读取编写好的 XML（Extensible Markup Language，可扩展标记语言）文件，然后按照标签的格式读取出其中的每个 View 并通过反射创建对象，这个过程中还会触发 View 依赖的所有类加载。布局层级越复杂、自定义 View 的逻辑越多，耗时越久。

在发起请求时，请求头一般会携带很多设备信息和进程信息，这些信息需要通过读取本地的配置信息或者通过 Binder 调用从系统服务获取。请求头要带的信息越多，耗时越久。

在数据请求成功后，需要进行数据的解析操作，如果返回的是 JSON 文件，就需要按照 JSON 文件的格式，读取其中的每个成员和每个对象。返回的文件内容越复杂，耗时越久。如果是在子线程获取数据，可能还需要将数据更新到主线程，这个过程一般需要加锁，避免出现并发修改问题。

可以看到，在这些非绘制任务中，主要存在文件 I/O、等锁、类加载、Binder 调用等耗时点，接下来我们选一些常见的优化方法进行介绍。

◆**减少主线程布局解析耗时**

通常来说，布局解析是极常见的主线程读文件操作。我们使用 XML 文件编写布局内容，最终需要将其通过 LayoutInflater 解析后才能得到 View。而解析的过程需要读取 XML 文件、反射创建 View 代码，在布局层级嵌套严重时，会花费不少的时间。

我们可以使用 AsyncLayoutInflater，把布局解析的耗时操作提前转移到子线程进行。

```
// 改造前
View view = LayoutInflater.from(context).inflate(R.layout.view_async_test,
        viewGroup);

// 改造后
List<Pair<View, View>> preloadViews = new LinkedList<>();
AsyncLayoutInflater layoutInflater = new AsyncLayoutInflater(context);
layoutInflater.inflate(R.layout.view_async_test, viewGroup,
                    new AsyncLayoutInflater.OnInflateFinishedListener() {
    @Override
    public void onInflateFinished(@NonNull View view, int resid,
                                @Nullable ViewGroup parent) {
        preloadViews.add(new Pair<>(view, parent));
    }
});
```

当我们在主线程调用 AsyncLayoutInflater 的 inflate 方法时，会将布局解析操作放到单独的子线程执行，在解析完成后回调 onInflateFinished 方法。因此我们可以在使用布局前提前调用这个方法，然后将解析好的布局保存下来，在需要使用时直接使用布局即可，省去了主线程解析布局的耗时。

我们来简单看一下 AsyncLayoutInflater 的实现。

```
//androidx.asynclayoutinflater.view.AsyncLayoutInflater
public AsyncLayoutInflater(@NonNull Context context) {
    mInflater = new BasicInflater(context);
    mHandler = new Handler(mHandlerCallback);
    mInflateThread = InflateThread.getInstance();
}
```

在 AsyncLayoutInflater 的构造函数中，首先会创建一个 LayoutInflater 的子类 BasicInflater；然后创建一个 Handler，这个 Handler 使用的 Looper 是当前的 Looper，因此如果主线程调用 AsyncLayoutInflater 方法，这个 Handler 就是主线程 Handler；最后创建一个线程 InflateThread，在其中维护待解析的任务队列，不停地从中选择待解析的布局进行解析，解析成功后将其发送到 Handler。

```
//androidx.asynclayoutinflater.view.AsyncLayoutInflater
 private static class InflateThread extends Thread {
```

```java
private ArrayBlockingQueue<InflateRequest> mQueue = new
        ArrayBlockingQueue<>(10);
private SynchronizedPool<InflateRequest> mRequestPool = new
        SynchronizedPool<>(10);

public void runInner() {
    InflateRequest request;
    try {
        request = mQueue.take();
    } catch (InterruptedException ex) {
        return;
    }

    request.view = request.inflater.mInflater.inflate(
            request.resid, request.parent, false);
    Message.obtain(request.inflater.mHandler, 0, request)
            .sendToTarget();
}

@Override
public void run() {
    while (true) {
        runInner();
    }
}
```

当我们调用 AsyncLayoutInflater 的 inflate 方法时，会添加一个解析任务到 InflateThread 的队列中。

```java
//androidx.asynclayoutinflater.view.AsyncLayoutInflater
@UiThread
public void inflate(@LayoutRes int resid, @Nullable ViewGroup parent,
        @NonNull OnInflateFinishedListener callback) {
    if (callback == null) {
        throw new NullPointerException("callback argument may not be
null!");
    }
    InflateRequest request = mInflateThread.obtainRequest();
    request.inflater = this;
    request.resid = resid;
    request.parent = parent;
    request.callback = callback;
    mInflateThread.enqueue(request);
}
```

任务被 InflateThread 执行后，会发送消息到 Handler 的 mHandlerCallback。

```
//androidx.asynclayoutinflater.view.AsyncLayoutInflater
    private Callback mHandlerCallback = new Callback() {
        @Override
        public boolean handleMessage(Message msg) {
            InflateRequest request = (InflateRequest) msg.obj;
            if (request.view == null) {
                // 没有 view，去解析
                request.view = mInflater.inflate(
                        request.resid, request.parent, false);
            }
            // 解析完，回调接口
            request.callback.onInflateFinished(
                    request.view, request.resid, request.parent);
            mInflateThread.releaseRequest(request);
            return true;
        }
    };
```

需要注意的是，AsyncLayoutInflater 的线程任务队列容量固定为 10，当等待解析的布局超过 10 个时，会阻塞等待调用线程。

```
    private static class InflateThread extends Thread {
        // 固定容量为 10，不会扩容
        private ArrayBlockingQueue<InflateRequest> mQueue = new
                                            ArrayBlockingQueue<>(10);
    }

    //java.util.concurrent.ArrayBlockingQueue
    public void put(E e) throws InterruptedException {
        Objects.requireNonNull(e);
        final ReentrantLock lock = this.lock;
        lock.lockInterruptibly();
        try {
            // 当前任务数等于固定容量，等待
            while (count == items.length)
                notFull.await();
            enqueue(e);
        } finally {
            lock.unlock();
        }
    }
```

因此在实际使用中，我们需要判断每个 AsyncLayoutInflater 的任务数，当超出容量限制后，创建一个新的 AsyncLayoutInflater 执行解析。

◆减少主线程文件读写耗时

除了布局解析，还有很多操作都会触发文件读写，比如：

- 读取 Assets 文件；
- 调用 ContentResolver query 或者 insert；
- 数据库读写。

我们需要避免主线程执行 Assets 读取、ContentResolver 操作、数据库操作等文件 I/O 行为。此外还需要检测出主线程执行的文件读写操作并逐一修改，有如下检测方式。

1. 开启 StrictMode。
2. 拦截 Linux read/write API。

StrictMode（严格模式）是 Android 官方提供的不合理代码检测工具，可以帮助我们发现主线程执行的磁盘操作、网络请求等。使用起来也很简单，只需使用如下代码即可开启相关检测。

```
StrictMode.setThreadPolicy(new StrictMode.ThreadPolicy.Builder()
    .detectCustomSlowCalls()
    .detectDiskReads()           // 检测主线程的磁盘读
    .detectDiskWrites()
    .detectNetwork()             // 检测主线程的网络请求
    .penaltyDialog()             // 检测到后怎么处理
    .penaltyLog()
    .penaltyFlashScreen()
    .build());
```

上面的代码开启了主线程的磁盘读写和网络请求检测。当检测到相关操作发生后，StrictMode 会弹窗提醒、输出日志并震动。我们可以在开启后，模拟一个主线程读写操作。

```
File testFile = new File(context.getExternalCacheDir(), "test");
testFile.mkdirs();
try {
    FileOutputStream fileOutputStream = new FileOutputStream(testFile);
    fileOutputStream.write("test".getBytes());
    fileOutputStream.flush();
    fileOutputStream.close();

    Log.d(TAG," 写文件结束 ");
} catch (Exception e) {
    e.printStackTrace();
}
```

当以上代码在主线程执行后，就会触发 StrictMode 的检测逻辑，弹窗提醒和日志信息如图 6-24 所示。

```
                    20660-20660/top.shixinzhang.performance D/StrictMode: StrictMode policy
violation; ~duration=30 ms: android.os.strictmode.DiskReadViolation
            at android.os.StrictMode$AndroidBlockGuardPolicy.onReadFromDisk(StrictMode.java:1659)
            at libcore.io.BlockGuardOs.access(BlockGuardOs.java:74)
            at libcore.io.ForwardingOs.access(ForwardingOs.java:131)
            at android.app.ActivityThread$AndroidOs.access(ActivityThread.java:7719)
            at java.io.UnixFileSystem.checkAccess(UnixFileSystem.java:281)
            at java.io.File.exists(File.java:813)
            at android.app.ContextImpl.ensureExternalDirsExistOrFilter(ContextImpl.java:3282)
            at android.app.ContextImpl.getExternalCacheDirs(ContextImpl.java:887)
            at android.app.ContextImpl.getExternalCacheDir(ContextImpl.java:876)
            at android.content.ContextWrapper.getExternalCacheDir(ContextWrapper.java:311)
            at android.content.ContextWrapper.getExternalCacheDir(ContextWrapper.java:311)
            at top.shixinzhang.performance.test.FluencyTest.test(FluencyTest.java:53)
            at top.shixinzhang.performance.MainActivity.onCreate(MainActivity.java:93)
            at android.app.Activity.performCreate(Activity.java:8054)
            at android.app.Activity.performCreate(Activity.java:8034)
            at android.app.Instrumentation.callActivityOnCreate(Instrumentation.java:1341)
            at android.app.ActivityThread.performLaunchActivity(ActivityThread.java:3666)
            at android.app.ActivityThread.handleLaunchActivity(ActivityThread.java:3842)
```

图 6-24　StrictMode 拦截到主线程磁盘 I/O 操作

可以看到，StrictMode 的确拦截到了主线程的磁盘 I/O 操作。不过遗憾的是，StrictMode 对性能损耗较大，所以只能在线下使用，并且 StrictMode 无法检测到 C/C++ 代码中的文件操作。

我们使用的 Android File 等 API 的文件操作，最终都会执行到 Linux 的 read、write 等文件操作 API。因此要想在线上检测到所有文件读写操作，可以通过 native hook 拦截这些 API。

开源库 Matrix 和 btrace 中都实现了文件 I/O 相关 API 的拦截，我们来简单了解一下。

Matrix 中实现文件 I/O 相关 API 拦截功能的文件是 io_canary_jni.cc，在其中通过 xhook 拦截了几个 Java 代码底层动态库对 open、write、read、close 等 API 的调用。

```
//matrix/matrix-android/matrix-io-canary/src/main/cpp/io_canary_jni.cc
JNIEXPORT jboolean JNICALL
Java_com_tencent_matrix_iocanary_core_IOCanaryJniBridge_doHook(JNIEnv *env,
                                                               jclass type) {

    //TARGET_MODULES: "libopenjdkjvm.so", "libjavacore.so", "libopenjdk.so"

    for (int i = 0; i < TARGET_MODULE_COUNT; ++i) {
        const char* so_name = TARGET_MODULES[i];

        // 打开 .so 文件，获取 .elf 文件信息
        void* soinfo = xhook_elf_open(so_name);

        //hook 其中的 open/open64 操作
        xhook_got_hook_symbol(soinfo, "open", (void*)ProxyOpen,
                        (void**)&original_open);
        xhook_got_hook_symbol(soinfo, "open64", (void*)ProxyOpen64,
                        (void**)&original_open64);

        //hook close/android_fdsan_close_with_tag
```

```
xhook_got_hook_symbol(soinfo, "close", (void*)ProxyClose,
                        (void**)&original_close);
xhook_got_hook_symbol(soinfo,"android_fdsan_close_with_tag",
                        (void *)Proxy_android_fdsan_close_with_tag,
                        (void**)&original_android_fdsan_close_with_tag);

// 针对 libjavacore.so, 需要额外 hook
bool is_libjavacore = (strstr(so_name, "libjavacore.so") != nullptr);
if (is_libjavacore) {
    //hook libjavacore.so 的 read/__read_chk
    if (xhook_got_hook_symbol(soinfo, "read", (void*)ProxyRead,
        (void**)&original_read) != 0) {

            if (xhook_got_hook_symbol(soinfo, "__read_chk",
                (void*)ProxyReadChk, (void**)&original_read_chk) != 0) {
                xhook_elf_close(soinfo);
                return JNI_FALSE;
            }
        }

        //hook libjavacore.so 的 write/__write_chk
        if (xhook_got_hook_symbol(soinfo, "write", (void*)ProxyWrite,
            (void**)&original_write) != 0) {
            if (xhook_got_hook_symbol(soinfo, "__write_chk",
                (void*)ProxyWriteChk, (void**)&original_write_chk) != 0) {
                xhook_elf_close(soinfo);
                return JNI_FALSE;
            }
        }
    }

    xhook_elf_close(soinfo);
}

return JNI_TRUE;
}
```

btrace 中实现文件 I/O 相关 API 拦截功能的文件是 hook_bridge.cpp，在其中通过 bytehook 拦截了如下 API。

```
//rhea-android/rhea-atrace/src/main/cpp/hook/hook_bridge.cpp
constexpr auto kIoListSize = 10;
std::array<hook_spec, kIoListSize>& GetIoList() {
  static std::array<hook_spec, kIoListSize> iolist = {
    {
      { "read", reinterpret_cast<void*>(proxy_read) },
      { "__read_chk", reinterpret_cast<void*>(proxy_read_chk) },
```

```
    { "readv", reinterpret_cast<void*>(proxy_readv) },
    { "pread", reinterpret_cast<void*>(proxy_pread) },
    { "pwrite", reinterpret_cast<void*>(proxy_pwrite) },
    { "sync", reinterpret_cast<void*>(proxy_sync) },
    { "fsync", reinterpret_cast<void*>(proxy_fsync) },
    { "fdatasync", reinterpret_cast<void*>(proxy_fdatasync) },
    { "open", reinterpret_cast<void*>(proxy_open) }
  }
};
return iolist;
}
```

可以看到，Matrix 和 btrace 的实现思路基本都一样。通过掌握 xhook/bytehook 的使用，再知道这些 Linux 文件 I/O 相关 API 的作用，就可以实现文件 I/O native hook。

通过 StrictMode 或者 I/O native hook 的方式拦截到主线程的文件操作后，我们可以根据操作的耗时和频繁程度做优先级排序，然后挨个优化，这样就可以减少主线程中文件读写的耗时。

◆减少主线程阻塞等锁耗时

当我们出于速度考虑使用多线程开发时，常常需要在多线程的临界条件中做同步处理，以避免并发修改带来的数据不一致问题。最常见的数据同步操作之一就是加锁，锁通过对数据的访问者做互斥，让后访问的线程进入阻塞状态，等持锁线程释放锁后再开始执行。

在实际项目中，常常会出现主线程阻塞以等待其他线程的锁的情况，在极端的情况下，甚至会由于相互等锁出现 ANR。我们期望在保证数据一致性的基础下，减少主线程的阻塞等锁耗时，主要可以通过如下两种方式实现。

1. 合理使用锁。
2. 掌握分析锁问题的工具。

在编写加锁或者访问锁的代码时，需要注意如下 3 点。

1. 减少主线程取锁情况。
2. 减小锁范围。
3. 使用合理的数据结构。

首先我们要尽可能地减少主线程的锁操作。如何减少？需要对 synchronized 关键字或者 java.util.concurrent 包下的类非常敏感，当直接使用它们或者间接调用到包括这些代码的方法时，考虑调用线程是否会是主线程，如果是主线程，再考虑该调用是否是必须的，非必要的调用尽量迁移到子线程。

如果的确需要在主线程对数据操作做同步，就需要尽量减小锁的范围。有时候为了快速完成项目，我们可能会直接给整个方法加上 synchronized 关键字，这将导致这个方法在执行过程中全程持锁，增大了和其他线程发生锁冲突的可能。一种更好的方式是只对会被多线程访问的数据加锁，这样就减少了方法的锁使用时间，从而减少可能的等锁时间。

```
// 会被多个线程访问的数据
List<String> oldData = new LinkedList<>();
```

```
// 改造前，整个方法加锁
public synchronized void dataProcess(List<String> data) {
    // 代码块 1

    // 代码块 2

    oldData.addAll(data);

    // 代码块 3
}

// 改造后，只对数据操作加锁
public void dataProcess(List<String> data) {
    // 代码块 1

    // 代码块 2

    synchronized(this) {
        oldData.addAll(data);
    }

    // 代码块 3
}
```

上面的代码中，我们把对整个方法加 synchronized 改成了只在向 oldData 添加数据时加锁。

对整个方法加锁是持锁过久比较明显的例子，还有一些没那么明显但同样会导致耗时久的情况：持锁后回调接口、执行循环操作、文件读写操作等。

```
List<Callback> listeners = new LinkedList<>();
public void dataProcess(List<String> data) {
    // 代码块 1

    // 代码块 2

    synchronized(this) {
        for (Callback listener : listeners) {
            listener.onCallback(data);
        }
    }

    // 代码块 3
}
```

上面的代码中，在获取当前对象锁后，循环调用了 listener 的方法。由于我们不确定 listener 中的逻辑，同时 listener 的编写者可能也不清楚当前方法处于持锁状态，可能会出现在回调方法中耗时过久的情况，从而导致 dataProcess 方法持锁过久。

减少阻塞等锁耗时的另外一种方法是选择合适的数据集合类。JDK（Java Development Kit，Java 软件开发工具包）中提供了一些无锁的集合类，比如 CopyOnWriteArrayList、CopyOnWriteArraySet。它们代表的是一种思想：在数据一致性不需要那么强的情况下，写时复制优于持锁。拿 CopyOnWriteArrayList 来说，即使在多个线程中被并发访问，它的读操作（比如 get 方法）也不会阻塞其他操作；写操作则是通过复制一份数据，对复制数据进行操作，不会影响原来的数据，操作完再修改原有数据。和读写都加锁的方式相比，这种读不加锁、写时复制的方式的效率提高了不少，但缺点是如果读取时其他线程正在修改数据，读取到的可能不是最新的值。

持锁过久的例子数不胜数，有时候我们需要结合工具来分析哪些持锁代码会出现耗时特别久的情况。比较好的锁分析工具是 Systrace 或者 Perfetto。

当 App 发生 synchronized 锁冲突时，我们可以在 Systrace/Perfetto 中看到图 6-25 所示的信息。"monitor contention with"表示锁冲突发生；"owner Binder:1310_4"表示当前锁的持有线程；"waiters=0"表示其他等待的线程数为 0；"blocking from"表示发生阻塞等锁的代码位置。我们来看看图 6-25 中发生阻塞等锁的代码。

```
//com.android.server.wm.WindowProcessController
public void addPackage(String packageName) {
    synchronized (mAtm.mGlobalLockWithoutBoost) {
        mPkgList.add(packageName);
    }
}
```

可以看到，这个方法的确有通过 synchronized 获取锁。如果一眼无法看出哪个锁的耗时比较久，可以通过搜索"monitor contention with"关键字进行数据过滤。

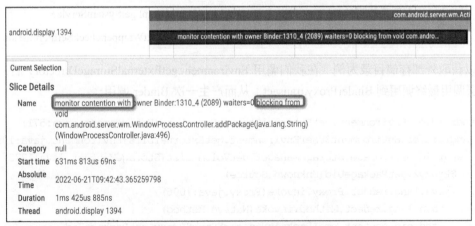

图 6-25　Perfetto 中看到的锁冲突

◆ **减少主线程 Binder 调用耗时**

除了文件 I/O 和等锁，另一种典型的耗时任务就是 Binder 调用。Binder 虽然高效，但毕竟采用的是跨进程通信的方式，每次 Binder 调用需要经过 Client 端的 Java 到 Native、Native 到驱动，然后在 Service 端从驱动到 Native、Native 到 Java，整个流程的耗时不容小觑。

由于 Android Framework 中大量使用 Binder 实现功能，稍有不慎主线程中就会出现大量不必要的 Binder 调用。表 6-7 记录了一些由 Binder 实现的 API，我们需要谨慎使用它们。

表 6-7　最终会产生 Binder 调用的常见功能

类　别	功　能	核心 API
设备相关	获取屏幕设备信息	android.view.Display
	判断是否亮屏	android.os.PowerManager
	获取 WakeLock	android.os.PowerManager$WakeLock
	控制输入法	android.view.inputmethod.InputMethodManager
四大组件	注册和发送广播	android.content.ContextWrapper.sendBroadcast
	ContentResolver 内容提供者	android.content.ContentResolver
	启动 Activity	android.app.Activity.startActivity
	启动 Service	android.content.ContextWrapper.startService
APK 相关	获取 APK 信息	android.app.ApplicationPackageManager
	获取 metadata 配置信息	
文件相关	获取 Shared Preferences	android.content.ContextWrapper.getSharedPreferences
	获取外部存储目录	android.content.ContextWrapper.getExternalFilesDir
		android.os.Environment.getExternalStorageDirectory
多媒体相关	设置播放数据	android.media.MediaPlayer.setDataSource
	获取音量	android.media.AudioManager.getStreamVolume
其他	对话框 / 弹窗	android.view.WindowManagerImpl.addView
	获取系统服务	android.app.ContextImpl.getSystemService
	检查权限	android.content.ContextWrapper.checkSelfPermission

以获取外部存储目录为例，在我们调用 Environment.getExternalStorageDirectory 后，会通过层层调用最终调用到 BinderProxy.transact，从而产生一次 Binder 调用：

```
android.os.Environment.getExternalStorageDirectory(Environment.java:571)
 android.os.Environment$UserEnvironment.getExternalDirs(Environment.java:109)
  android.os.storage.StorageManager.getVolumeList(StorageManager.java:1273)
   $Proxy2.getPackageUid(Unknown Source)
    java.lang.reflect.Proxy.invoke(Proxy.java:1006)
     java.lang.reflect.Method.invoke(Native Method)
      android.content.pm.IPackageManager$Stub$Proxy.getPackageUid
       android.os.BinderProxy.transact(BinderProxy.java:557)
        android.os.BinderProxy.transactNative(Native Method)
```

在项目开发中，为了减少 Binder 调用的耗时，我们需要减少上述 API 的调用，获取相关数据后保存到缓存，下次使用时最好优先从缓存获取。一种通用的方法是在编译时修改字节码，将频繁的 Binder 方法调用改为使用统一管理的方式。

要检测 App 有哪些代码频繁触发 Binder 调用，有如下两种工具可以选择。

1. adb shell am trace-ipc。

2. Systrace/Perfetto。

am trace-ipc 的功能就是对 App 的 Binder 调用进行追踪记录。我们可以通过 adb shell am trace-ipc start 开启对应功能：

```
$ adb shell am trace-ipc start
Starting IPC tracing.
```

开启后进行 App 的功能测试，测试完后调用 trace-ipc stop 保存日志并将其导出。

```
$ adb shell am trace-ipc stop --dump-file /data/local/tmp/ipc-trace.txt
Stopped IPC tracing. Dumping logs to: /data/local/tmp/ipc-trace.txt
$ adb pull /data/local/tmp/ipc-trace.txt
```

导出的 ipc-trace.txt 文件中会包括这段时间内的 Binder 调用堆栈：

```
Binder transaction traces for all processes.

Traces for process: com.android.networkstack.process
Count: 1
Trace: java.lang.Throwable
  at android.os.BinderProxy.transact(BinderProxy.java:540)
  at android.net.IIpConnectivityMetrics$Stub$Proxy.logEvent
  at android.net.metrics.IpConnectivityLog.log(IpConnectivityLog.java:102)
  at android.net.metrics.IpConnectivityLog.log(IpConnectivityLog.java:159)
  at android.net.metrics.IpConnectivityLog.log(IpConnectivityLog.java:144)
  at com.android.server.connectivity.NetworkMonitor.logValidationProbe
  at com.android.server.connectivity.NetworkMonitor.sendHttpProbe
  at com.android.server.connectivity.NetworkMonitor.sendDnsAndHttpProbes
  at com.android.server.connectivity.NetworkMonitor.access$8300
  at com.android.server.connectivity.NetworkMonitor$HttpsProbe.sendProbe
  at com.android.server.connectivity.NetworkMonitor$ProbeThread.run
```

另外，我们也可以通过 Systrace/Perfetto 查看是否存在 Binder 调用，当存在 Binder 调用时，会有名为"binder transaction"的区块，单击区块可以查看这个调用的去向，如图 6-26 所示。

图 6-26 中"binder transaction"尾部有一条线，指向这个调用的下游。当出现这种线时，我们可以按键盘上的"["键和"]"键快速跳转到 Binder 调用的上游和下游，查看对应信息。

通过在开发时注意可能导致 Binder 调用的代码以及使用工具检测 Binder 调用的耗时情况，我们就可以实现对 Binder 调用耗时的优化。

◆减少主线程中其他不必要的操作

除了以上几种典型的非绘制任务，还有一些对主线程渲染有影响但容易被忽略的细节，如下。

• Service、BroadcastReceiver、ContentProvider 生命周期方法里的耗时操作。

• 调试日志引入的额外开销。

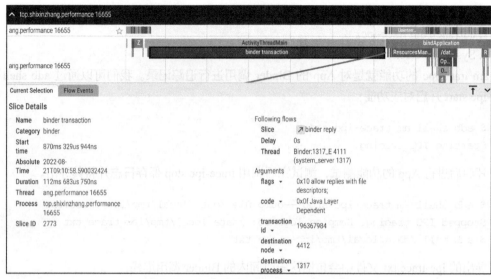

图 6-26　在 Perfetto 中查看 Binder 调用

- 多层嵌套重复抛出异常。
- 监听文字输入、播放进度、滑动距离等频繁执行的函数。

很多开发者日常工作中主要使用 Activity，很少接触四大组件的另外 3 个（Service、BroadcastReceiver 和 ContentProvider），常常会忘记这些组件的生命周期方法都是在主线程执行的！因为忘记这个知识点，导致开发者经常会在它们的生命周期方法里做一些耗时操作，比如在 BroadcastReceiver 的 onReceive 里执行文件读写、Binder 调用，因此导致了卡顿甚至 ANR。我们首先要提升对生命周期方法的"敬畏感"，其次需要对这 3 种组件提供一种性能更好的封装类，将回调接口切换到子线程执行：

```java
public abstract class AsyncBroadcastReceiver extends BroadcastReceiver {
    @Override
    public void onReceive(Context context, Intent intent) {
        AsyncTask.execute(new Runnable() {
            @Override
            public void run() {
                onMyReceive(context, intent);
            }
        });
    }

    // 子线程中执行的 onReceive
    public abstract void onMyReceive(Context context, Intent intent);
}
```

除了三大组件的生命周期方法，还容易被人忽略的是调试日志。在日常开发中我们需要通过 Log 的方式确认程序运行情况，有些时候会在日志里输出非常详细的信息，久而久之，程序里的调试日志代码就会越来越多。为了不让日志在线上输出，常见的方法是封装一个 Log 工具类，在其中做环境判断，如果是线上就不输出日志。

```
private static class Logger {
        public static  boolean isDebug;

        public static void d(String tag, String msg) {
            if (isDebug) {
                    Log.d(tag, msg);
            }
        }
    }


        Logger.d("login", "userName: " + userInfo + ", deviceInfo: " + deviceInfo +
",familyInfo: " + familyInfo);
```

这样虽然实现了不输出日志，但还是存在大量的字符串拼接和方法调用，会导致耗时增加和包体积增大等问题。我们可以在编译时通过字节码进行处理，将调用 android.util.Log 的相关代码都移除，可实现包体积和流畅度优化。

另外在实际问题分析中，还存在由于多层嵌套重复抛出异常导致的耗时问题。最常见的就是自定义类加载器的场景。

```
private static class MyClassLoader extends PathClassLoader {
    private List<ClassLoader> pluginClassLoaders;

    public MyClassLoader(String dexPath, String librarySearchPath,
                        ClassLoader parent) {
        super(dexPath, librarySearchPath, parent);
    }

    public Class<?> loadClassFromPlugin(String name){
        Class<?> aClass = null;
        for (ClassLoader classLoader : pluginClassLoaders) {
            try {
                aClass = classLoader.loadClass(name);
                if (aClass != null) {
                    return aClass;
                }
            }
            catch (ClassNotFoundException ignore) {
                // 捕获插件类加载器加载失败抛出的异常，使得后续逻辑可以继续执行
            }
        }
        return aClass;
    }

    @Override
    public Class<?> loadClass(String name) throws ClassNotFoundException {
        try {
```

```
        Class<?> aClass = super.loadClass(name);
        if (aClass != null) {
            return aClass;
        }
    } catch (ClassNotFoundException exception) {
        // 捕获父类加载器加载失败抛出的异常

        // 从插件类加载器中查找
        Class<?> aClass = loadClassFromPlugin(name);
        if (aClass == null) {
            throw new ClassNotFoundException(name + " not found from " +
                    this + ", and also not found in plugins");
        }
    }

    return null;
}
```

在上面的代码中，我们实现了一个自定义类加载器。在加载某个类时，先从父类加载器中加载，加载不到后捕获其抛出的异常，然后从插件类加载器中遍历加载。由于大型业务的插件往往有很多，因此在加载一个类的过程中可能会出现多次异常抛出。类加载是一个非常高频的操作，自定义类加载器会导致额外抛出的异常非常多。

我们知道所有 Exception 类，都继承自 Throwable 的，而在构造每个 Throwable 对象时，都会进行一次堆栈获取。

```
//java.lang.Throwable
    public Throwable(String message, Throwable cause) {
        fillInStackTrace();
        detailMessage = message;
        this.cause = cause;
    }

    public synchronized Throwable fillInStackTrace() {
        if (stackTrace != null ||
            backtrace != null)
            // 获取当前函数的堆栈信息
            backtrace = nativeFillInStackTrace();
            stackTrace = libcore.util.EmptyArray.STACK_TRACE_ELEMENT;
        }
        return this;
    }
```

要获取当前函数的执行堆栈，需要暂停线程的执行，并遍历每一个栈帧以获取执行的函数及其行号。因此类似前面这种多次抛出异常的操作，会导致频繁创建 Exception，从而导致线程卡顿。因此，我们在捕获异常并且重新抛出后，需要考虑当前方法是否会被频繁调用，如果会的话就要修改逻辑，以减少这种原因导致的卡顿。一种比较好的统计方法是提供一个统一的 Exception 封装类，在其中做计数统计，然后在测试完成后查看对应的创建次数。

还有一种会被频繁执行导致影响流畅度的情况是：在频繁执行的函数里做耗时操作。常见的频繁执行的函数有文字输入、播放进度、滑动距离、动画播放等，有时候我们需要在其中做一些数据保存、状态处理操作，一不小心就执行了文件 I/O、持锁、Binder 调用等操作。因此，在这种频繁执行的函数里我们需要做好频率控制，当上次操作超出一定时间后再执行下一次，以减少不必要的耗时。

6.4.3 减少绘制任务耗时

在增加绘制相关线程的运行时间和减少主线程非绘制任务耗时后，我们还需要完成"最后一公里"：减少绘制任务本身的耗时。

常见的绘制任务耗时点和改进方法如表 6-8 所示。

表 6-8 常见的绘制任务耗时点和改进方法

类　　型	耗　时　点	改　进　方　法
不可见布局加载	ViewPager 中预加载不可见部分	减少预加载页数，闲时加载
	加载布局中不可见部分	使用 ViewStub
动画	执行不可见的动画	播放中检测动画是否可见
	动画执行频率太高	降低执行频率
绘制	布局层级太深	减少层级
	绘制逻辑复杂	简化逻辑或者预先计算

绘制任务耗时优化，首先可以从不可见布局加载入手。多页面布局是常见的 App 页面布局方式，我们通常会使用 ViewPager 实现这种布局。有些时候为了提升其他页面的加载速度，会在 ViewPager 初始化时就执行多个 Tab 的页面初始化，甚至在切换到其他页面后当前页面的布局还在刷新。这常常会导致页面卡顿。改进方法是通过 ViewPager 的 setOffscreenPageLimit 方法减少不可见页面的缓存量，同时把不可见页面的加载操作延迟到 Looper 空闲时执行。

如果在一个 XML 文件中存在很多不会立即展示的布局内容，我们也可以通过使用 ViewStub 的方式将其延迟执行。如果不知道哪些布局是加载时不可见的，我们可以在编译时修改 View 子类的字节码，从而统计创建后不可见的布局。

动画由于其执行的频繁程度高，很容易造成绘制任务过多，因此它是另一个绘制任务耗时优化的方向。和加载布局类似，常常会出现动画开始播放后没有及时停止，即使退到后台或者被其他窗口遮盖后仍在播放的情况。

```
ObjectAnimator animator = ObjectAnimator.ofFloat(textView, "alpha",
                          0.1f, 0.3f, 0.6f, 0.9f, 0.6f, 0.3f, 0.1f);
animator.setRepeatCount(ValueAnimator.INFINITE);
animator.setRepeatMode(ValueAnimator.REVERSE);
animator.setDuration(1000);
animator.start();
```

为了减少卡顿，我们需要在 Activity/Fragment onPause 或者 View onDetachedFromWindow 时，停止播放所有的动画。另外，我们也可以使用开发者选项的"显示视图更新"功能，使用这个功能后，如果页面被刷新，屏幕就会闪烁，如图 6-27 所示。我们可以通过这个功能，查看 App 退到后台或者打开新页面后，页面是否会刷新。

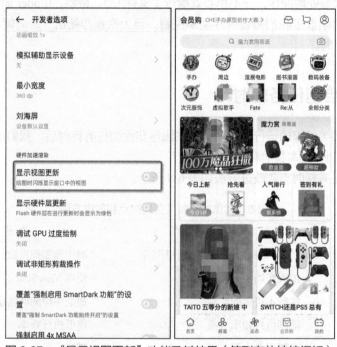

图 6-27 "显示视图更新"功能及其结果（签到有礼持续闪烁）

在进行绘制时，如果布局层级太深，刷新过于频繁，会导致主线程绘制指令太多而卡顿，在布局中存在大量尺寸较大的 ImageView 时这个问题尤为明显。因此我们需要优化布局的层级。检测布局层级是否太深，可以使用开发者选项的"调试 GPU 过度绘制"功能，查看当前页面是否存在层级太深、过度绘制的问题。开启该功能后，布局层级越深颜色越深，一般绿色表示符合标准。可以通过简化 XML 文件中的嵌套层级、移除不必要的背景等方式完成布局简化。

除了层级深，单次绘制的逻辑比较复杂，也可能会导致绘制卡顿，比如在 onDraw 方法里做了大量的计算或者图片操作。我们可以通过图片复用或者预先计算的方式，减少 onDraw 方法的工作量。比如在展示大量文本内容时，通过使用 PrecomputedText 实现预先计算文本布局，这样就减少了 TextView 在绘制时的布局成本。

6.5 小结

本章主要介绍了如下知识点。

1. 流畅度监控的实现方法：包括帧率、掉帧数和卡顿如何监控。

2. 流畅度分析常见工具：包括开发者选项、Android Studio Profiler 以及 Systrace。

3. 流畅度优化的方法：按照从宏观到微观的方式，首先介绍了绘制相关线程的运行时间增加方法；然后讲解了布局解析、文件读写、等锁、Binder 调用等操作的耗时减少方法，从而减少主线程的非绘制任务耗时；最后介绍如何减少绘制时不必要的耗时。

思考题

通过学习本章内容，你是否对 App 卡顿的原因有进一步的了解？在遇到 App 卡顿时，你一般会选择什么工具进行分析？

第7章 启动优化

7.1 为什么要做启动优化

App 启动是指从用户点击桌面图标、展示 Splash（闪屏页）到 App 首页展出并可交互的整个过程。

对产品来说，启动是品牌宣传和活动推广的重要时刻，每个用户都可以看到启动页面；启动时的广告也是业务营收的关键因素，充分展示广告内容有助于增加企业营收。

对研发来说，启动是程序初始化的阶段。为了实现功能，很多内部或者第三方的 SDK 都需要尽早初始化。随着业务的发展，程序启动时初始化的逻辑越来越多；同时启动时也需要执行配置获取、缓存加载等基础功能。

对用户来说，启动是其与产品交互的首个步骤和"必经之路"。启动时间对业务的触达和转化有着重要的影响，如果启动时间过久会让用户的满意度下降甚至放弃使用。技术人员曾提到过：App 启动耗时每减少 1s，用户流失率降低 6.9%。

因此，我们需要在保证产品功能可正常使用的前提下，尽可能地缩短启动时间，提高用户触达业务的速度，提升用户体验。

7.2 启动监控

要进行启动优化，首先需要建立启动相关监控。根据进程、Activity 是否已存在，可以将 App 启动分为冷启动、温启动和热启动 3 种，如图 7-1 所示。线上监控时需要针对这 3 种情况分别进行统计，获取从启动开始到启动结束的总耗时和各区间的耗时，从而能够将 App 的新旧版本相对比，判断新版本启动更快还是更慢，如果更慢的话分析具体是哪个区间的耗时增加了。

首先我们来了解 Android App 的启动流程，了解启动流程有助于完成启动监控和优化。

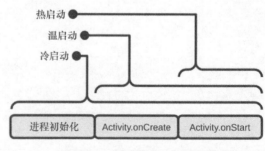

图 7-1 不同类型的 App 启动

7.2.1 App 的启动流程

App 的启动流程如图 7-2 所示。

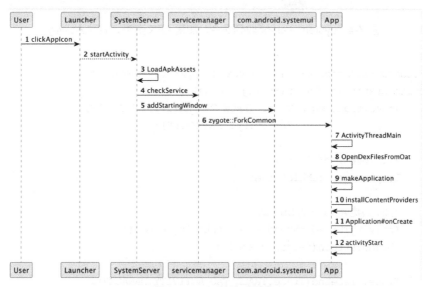

图 7-2　App 的启动流程

如图 7-3 所示，当我们在手机上点击一个 App 时，会执行 launcher 进程的 android.app. IActivityTaskManager$Stub$Proxy.startActivity 方法，这个方法会通过 Binder 调用通知 system_ server 进程启动 App。

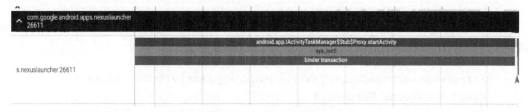

图 7-3　launcher 启动 App

system_server 进程收到消息后，会通过 ResourcesManager 加载 APK 资源，这个过程中会去 App 的安装目录下查找 APK 文件并加载；然后会解析 APK 的清单文件，通过 android. os.IServiceManager$Stub$Proxy.checkService 调用 servicemanager 检查要启动 App 的信息；检查通过后，就会执行 android.window.ITaskOrganizer$Stub$Proxy.addStartingWindow，通知 com.android.systemui 进程添加一个启动窗口，这时我们就能看到界面上弹出的闪屏页。随后 system_server 会根据启动页是否全屏等设置决定是否需要隐藏状态栏，如图 7-4 所示。

接着 Zygote 进程会 fork（创建进程的函数）出 App 的进程，在其中创建一个新的虚拟机实例。然后在 ZygoteInit 中进行 App 运行所需资源、类的初始化和预加载。接着执行 ActivityThread 的 main 方法，在其中创建主线程 Looper（循环）和 ActivityThread，以执行后续的 Application 和四大组件的创建、生命周期管理。

图 7-4 system_server 收到命令，加载 APK 资源，启动 Activity

```
//frameworks/base/core/java/android/app/ActivityThread.java
public static void main(String[] args) {
    Trace.traceBegin(Trace.TRACE_TAG_ACTIVITY_MANAGER,
                "ActivityThreadMain");

    //1. 创建主线程 Looper
    Looper.prepareMainLooper();

    //2. 创建 ActivityThread
    ActivityThread thread = new ActivityThread();
    thread.attach(false, startSeq);

    Trace.traceEnd(Trace.TRACE_TAG_ACTIVITY_MANAGER);

    //3. 执行主线程消息循环
    Looper.loop();

    throw new RuntimeException("Main thread loop unexpectedly exited");
}
```

随后 system_server 会执行 ActivityManagerService 的 attachApplication 方法，通过 Binder 调用执行 App 的 ActivityThread handleBindApplication 相关方法。

```
//frameworks/base/core/java/android/app/ActivityThread.java
class H extends Handler {
    //...
    public void handleMessage(Message msg) {
        switch (msg.what) {
            case BIND_APPLICATION:
                Trace.traceBegin(Trace.TRACE_TAG_ACTIVITY_MANAGER,
                        "bindApplication");
                AppBindData data = (AppBindData)msg.obj;
                //Application 创建入口
                handleBindApplication(data);
                Trace.traceEnd(Trace.TRACE_TAG_ACTIVITY_MANAGER);
                break;
            //...
        }
    }
```

```
    }

//frameworks/base/core/java/android/app/ActivityThread.java
private void handleBindApplication(AppBindData data) {

    //1. 创建 Application
    app = data.info.makeApplicationInner(data.restrictedBackupMode, null);

    //2. 创建 ContentProvider
    installContentProviders(app, data.providers);

    //3. 执行 Application 的 onCreate
    mInstrumentation.callApplicationOnCreate(app);
}
```

在 handleBindApplication 中完成 Application 和 ContentProvider 的创建和生命周期调用。首先创建 ClassLoader，在其中会加载 App 运行所需的 APK 及相关文件（.dex 文件、.odex 文件、.art 文件）。然后执行 makeApplication，在其中会反射构造我们在 AndroidManifest.xml 中声明的 Application 类（执行自定义 Application 的构造函数）。

```
//frameworks/base/core/java/android/app/LoadedApk.java
private Application makeApplicationInner(boolean forceDefaultAppClass,
        Instrumentation instrumentation, boolean allowDuplicateInstances) {
    if (mApplication != null) {
        return mApplication;
    }
    Trace.traceBegin(Trace.TRACE_TAG_ACTIVITY_MANAGER, "makeApplication");

    Application app = null;

    final String myProcessName = Process.myProcessName();
    // 自定义的 Application 类名
    String appClass = mApplicationInfo.
                    getCustomApplicationClassNameForProcess(
                    myProcessName);
    if (forceDefaultAppClass || (appClass == null)) {
        appClass = "android.app.Application";
    }

    //1. 创建 Context
    ContextImpl appContext = ContextImpl.
                            createAppContext(mActivityThread,this);

    //2. 反射创建自定义的 Application
    app = mActivityThread.mInstrumentation.
        newApplication(cl, appClass, appContext);
    appContext.setOuterContext(app);
```

```
        Trace.traceEnd(Trace.TRACE_TAG_ACTIVITY_MANAGER);

        return app;
    }
```

然后执行 Application 的 attachBaseContext 方法。

```
//frameworks/base/core/java/android/app/Instrumentation.java
public Application newApplication(ClassLoader cl, String className,
                                  Context context)
        throws InstantiationException, IllegalAccessException,
        ClassNotFoundException {
    Application app = getFactory(context.getPackageName()).
                     instantiateApplication(cl, className);
    app.attach(context);
    return app;
}

//frameworks/base/core/java/android/app/Application.java
final void attach(Context context) {
    attachBaseContext(context);
    mLoadedApk = ContextImpl.getImpl(context).mPackageInfo;
}
```

在 Application 的 attachBaseContext 执行后，就会通过 installContentProviders 方法创建 ContentProvider 和执行 onCreate 方法，随后执行 Application 的 onCreate 方法。

至此我们知道，自定义的 Application 中构造函数会被最早执行，然后执行的是 attachBaseContext 方法，接着执行所有声明的 ContentProvider 的 onCreate 方法，最后执行的是 Application 的 onCreate 方法，如图 7-5 所示。

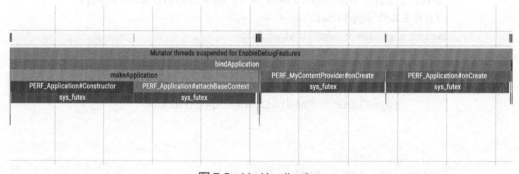

图 7-5　bindApplication

Application 创建完成后接着会执行 Activity 的创建。system_server 对 Activity 的生命周期管理抽象为 ClientTransactionItem 实例。比如启动 Activity 就对应着 LaunchActivityItem，暂停 Activity 对应着 PauseActivityItem，其他 Activity 生命周期操作对应的文件如图 7-6 所示。

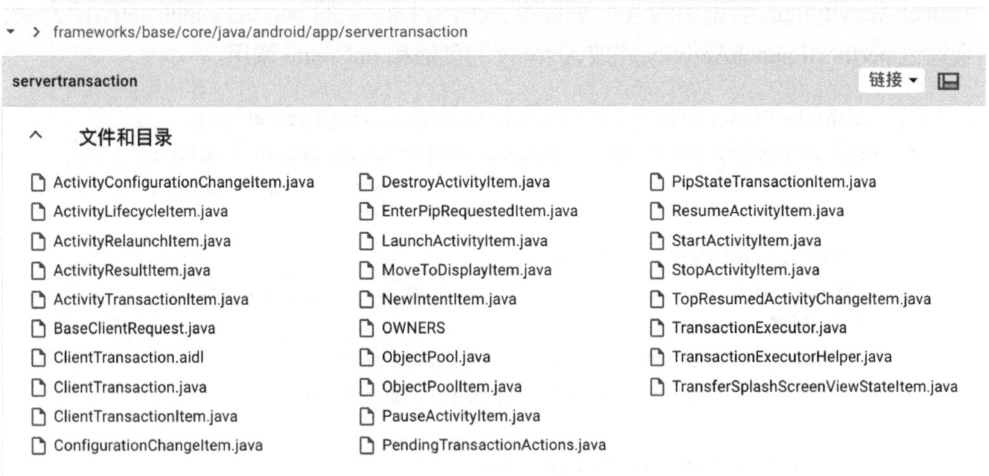

> frameworks/base/core/java/android/app/servertransaction

servertransaction   链接 ▾ 🖫

∧   文件和目录

🗋 ActivityConfigurationChangeItem.java	🗋 DestroyActivityItem.java	🗋 PipStateTransactionItem.java
🗋 ActivityLifecycleItem.java	🗋 EnterPipRequestedItem.java	🗋 ResumeActivityItem.java
🗋 ActivityRelaunchItem.java	🗋 LaunchActivityItem.java	🗋 StartActivityItem.java
🗋 ActivityResultItem.java	🗋 MoveToDisplayItem.java	🗋 StopActivityItem.java
🗋 ActivityTransactionItem.java	🗋 NewIntentItem.java	🗋 TopResumedActivityChangeItem.java
🗋 BaseClientRequest.java	🗋 OWNERS	🗋 TransactionExecutor.java
🗋 ClientTransaction.aidl	🗋 ObjectPool.java	🗋 TransactionExecutorHelper.java
🗋 ClientTransaction.java	🗋 ObjectPoolItem.java	🗋 TransferSplashScreenViewStateItem.java
🗋 ClientTransactionItem.java	🗋 PauseActivityItem.java	
🗋 ConfigurationChangeItem.java	🗋 PendingTransactionActions.java	

图 7-6 Activity 生命周期操作对应的文件

在创建完 Application 后，system_server 会通过 LaunchActivityItem 执行 Activity 的启动。

```
//frameworks/base/core/java/android/app/servertransaction/LaunchActivityItem.java
    public class LaunchActivityItem extends ClientTransactionItem {
        //...
        @Override
        public void execute(ClientTransactionHandler client, IBinder token,
                            PendingTransactionActions pendingActions) {
            Trace.traceBegin(TRACE_TAG_ACTIVITY_MANAGER, "activityStart");

            ActivityClientRecord r = new ActivityClientRecord(...);
            client.handleLaunchActivity(r, pendingActions, null /* customIntent */);

            Trace.traceEnd(TRACE_TAG_ACTIVITY_MANAGER);
        }
    }


    //frameworks/base/core/java/android/app/ActivityThread.java
    public Activity handleLaunchActivity(ActivityClientRecord r,
        PendingTransactionActions pendingActions, Intent customIntent) {
        //...
        WindowManagerGlobal.initialize();


        final Activity a = performLaunchActivity(r, customIntent);

        //...

        return a;
    }
```

LaunchActivityItem 会调用到 App 进程中 ActivityThread 的 handleLaunchActivity 方法，在其中会通过 performLaunchActivity 完成 Activity 的创建和 onCreate 调用。

```
//frameworks/base/core/java/android/app/ActivityThread.java
 private Activity performLaunchActivity(ActivityClientRecord r,
                                        Intent customIntent) {

    Activity activity = null;
    java.lang.ClassLoader cl = appContext.getClassLoader();
    //1. 创建 Activity
    activity = mInstrumentation.newActivity(cl,
            component.getClassName(), r.intent);

    //2. 创建 Context 和 PhoneWindow
    activity.attach(appContext, this, getInstrumentation(), r.token,
            r.ident, app, r.intent, r.activityInfo, title, r.parent,
            r.embeddedID, r.lastNonConfigurationInstances, config,
            r.referrer, r.voiceInteractor, window, r.activityConfigCallback,
            r.assistToken, r.shareableActivityToken);


    r.activity = activity;
    if (r.isPersistable()) {
        //3. 执行 onCreate
        mInstrumentation.callActivityOnCreate(activity, r.state,
                                        r.persistentState);
    } else {
        mInstrumentation.callActivityOnCreate(activity, r.state);
    }
    r.setState(ON_CREATE);

    return activity;
}

//frameworks/base/core/java/android/app/Activity.java
final void attach(...) {
    //1. 绑定 Context
    attachBaseContext(context);

    mFragments.attachHost(null /*parent*/);

    //2. 创建 PhoneWindow
    mWindow = new PhoneWindow(this, window, activityConfigCallback);
    //...
}
```

到这里我们配置的启动 Activity 的构造函数和 onCreate 方法就会被先后调用了，在

onCreate 中会执行布局解析等操作。

接着 system_server 会执行 Activity 的 onStart、onResume 等操作；在执行 onResume 时创建 ViewRootImpl，并执行它的 setView 函数，触发界面绘制。

如图 7-7 所示，在首帧绘制时，RenderThread 需要先创建 EGLContext，然后向 graphics alloctor 申请 buffer。在主线程中 draw 执行时会执行 ViewTreeObserver.OnDrawListener 的 onDraw 方法，然后将绘制命令等同步到 RenderThread。RenderThread 中构造 GPU 可识别的绘制命令后发送到 GPU 进行绘制。绘制完成后将 buffer 添加到 queueBuffer 中等待 surfaceflinger 消费，完成合成、显示等操作，如图 7-8 所示。

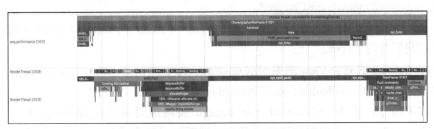

图 7-7　首帧绘制

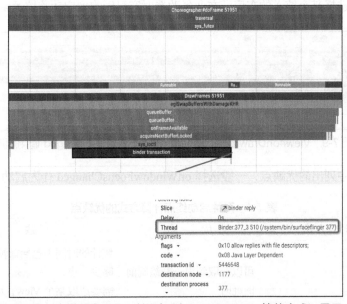

图 7-8　绘制完成 buffer 并添加到 queueBuffer，等待合成、显示

至此我们了解了启动的整个流程，接下来我们来了解启动监控如何进行。

7.2.2　启动监控如何进行

◆获取启动整体耗时

经过 7.2.1 小节对启动流程的介绍，我们知道 App 的启动代码执行顺序如下。

1. Application 构造函数。
2. Application#attachBaseContext。
3. ContentProvider#onCreate。
4. Application#onCreate。
5. Activity#onCreate。
6. Activity#onStart。
7. Activity#onResume。
8. View#onDraw。
9. Activity#onWindowFocusChanged。

Application 构造函数是 App 启动代码中执行最早的函数，因此可以作为启动的起点。在启动的终点我们有两个选择。

1. MainActivity 的某个 View 的第一次 onDraw（绘制函数）。
2. MainActivity 的 onWindowFocusChanged。

如图 7-9 所示，由于 onWindowFocusChanged 被调用时可能已经不是首帧，因此选择 onWindowFocusChanged 最终得到的启动到首帧的耗时可能会略多几帧；而选某个 View 的第一次 onDraw，优点是可以拿到第一帧绘制的耗时，缺点是 onDraw 执行时第一帧还没有绘制完成，同时需要选择某个核心的布局，在业务改造时容易影响到启动监控逻辑。

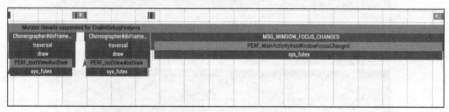

图 7-9　View#onDraw 和 Activity#onWindowFocusChanged 调用顺序

综合表 7-1 中列出的优缺点，一般选择 onWindowFocusChanged 作为启动终点较多。

表 7-1　两种启动终点计算方式的优缺点

启动终点计算方式	优　点	缺　点
View#onDraw	可以获取到第一帧绘制前的耗时	统计的时间不包括首帧绘制的耗时，会略少一点； 需要选取某个 View，可能需要随业务改变而修改
Activity#onWindowFocusChanged	调用时第一帧甚至第二、三帧已经绘制结束； 几乎不再需要修改，稳定	统计的时间可能会略多几帧的耗时

因此我们可以在 Application 构造函数和 MainActivity#onWindowFocusChanged 中进行埋点，计算整体耗时。

◆ 获取启动各阶段耗时

除了获取启动整体耗时，我们还需要获取到启动各个阶段的耗时，这样在启动速度变慢后可以进一步确认是哪里的代码导致的。获取各个阶段的耗时一般有两种方式：手动埋点和编译时 AOP（Aspect Oriented Programming，面向切面编程）。

手动埋点比较简单，在启动相关的生命周期方法中添加一行统计代码，然后在一个类中集中管理各个阶段的时间即可。

```
public class DemoApplication extends Application {

    public DemoApplication() {
        StartupMonitor.onBegin();
        //...
    }

    @Override
    protected void attachBaseContext(Context base) {
        StartupMonitor.onApplicationAttachBaseContext();
        super.attachBaseContext(base);
        //...
    }

    @Override
    public void onCreate() {
        StartupMonitor.onApplicationCreate();
        super.onCreate();
        //...
    }
}
```

编译时 AOP 是指在编译期对要统计耗时的函数进行插桩，在它执行前后统计耗时。

我们可以提供一个注解，当某个方法要记入启动阶段统计时，使用注解标记这个方法。然后在编译时使用 Aspectj 或者 APT（Annotation Processing Tool，注解处理器）等 AOP 框架，拦截注解标注的方法，在执行前后记录耗时。以使用 Aspectj 实现 AOP 为例，我们先定义用于标记方法的注解，并使用它标记要统计耗时的函数。

```
@Retention(RetentionPolicy.CLASS)
@Target({ElementType.METHOD})
public @interface StartupInclude {
}
```

```
// 测试函数
    @StartupInclude
    public void mockLagMethod() {
        try {
            Thread.sleep(400);
        } catch (InterruptedException e) {
            e.printStackTrace();
        }
    }
```

然后定义拦截类（使用 @Aspect 注解修饰）。在其中声明一个 PointCut（切入点，描述要拦截的方法），这里我们要拦截被 @StartupInclude 注解修饰的方法，再定义 Around（在切入点执行前进入这个方法）。

```
@Aspect
public class StartupIncludeAspect {

// 参数表示拦截 top.shixinzhang.performance.startup.aop.StartupInclude 相关函数的执行
    @Pointcut("execution(@top.shixinzhang.performance.startup.aop.
                StartupInclude * *(..))")
    public void StartupIncludeMethod() {}

    @Around("StartupIncludeMethod()")
    public Object recordStartupMethodCost(ProceedingJoinPoint joinPoint) throws
                                            Throwable {
        long begin = System.currentTimeMillis();
    // 执行被拦截的方法
        Object result = joinPoint.proceed();

        long cost = System.currentTimeMillis() - begin;

        if (joinPoint.getSignature() != null) {
            StartupMonitor.onMethodCost(joinPoint.getSignature().toString(),
                                        cost);
        }

        return result;
    }
}
```

这样当使用 @StartupInclude 修饰的方法被调用时，会进入 Around 方法，在其中我们可以获取到该方法的签名和执行耗时，从而实现对方法耗时的统计。

```
StartupMonitor: TotalCost: 5195
StartupMonitor: StepCost: {ApplicationConstructor=501, void top.shixinzhang.
                performance.DemoApplication.mockLagMethod()=400,
                ApplicationAttachBaseContext=912,
                ContentProviderOnCreate=2, ApplicationOnCreate=124,
                ActivityConstructor=118, ActivityOnCreate=3114,
                ActivityOnStart=106, ActivityOnResume=158,
                ViewOnDraw=160}
```

◆ 获取启动性能数据

前面统计的时间都是 Wall time（墙上时间，也就是客观过去的时间），我们还需要获取 App 运行的 CPU 时间，以此判断 App 启动慢究竟是因为获取的 CPU 时间不足，还是因为代码耗时久。如果 CPU 时间不足，我们需要知道是线程优先级不够，还是被其他线程抢占过多，因此我们还需要获取到启动期间主线程的优先级和被抢占次数。

App 的 CPU 时间、线程优先级和被抢占次数的获取方式，我们在介绍流畅度监控方法时有过较为详细的介绍，这里就不赘述。

值得一提的是，当内存不足时触发的 GC 会对启动有不小的影响，因此我们还需要获取启动期间的 GC 执行次数和耗时。

```
@RequiresApi(api = Build.VERSION_CODES.M)
public static long getGcInfoSafely(String info) {
    try {
        return Long.parseLong(Debug.getRuntimeStat(info));
    } catch (Throwable throwable) {
        throwable.printStackTrace();
        return -1;
    }
}

public static void getGCInfo() {
        if (Build.VERSION.SDK_INT >= Build.VERSION_CODES.M) {
            long gcCount = getGcInfoSafely("art.gc.gc-count");
            long gcTime = getGcInfoSafely( "art.gc.gc-time" );
            long blockGcCount = getGcInfoSafely("art.gc.blocking-gc-count");
            long blockGcTime = getGcInfoSafely("art.gc.blocking-gc-time");

            long deltaGcCount = gcCount - sGCInfo[0];
            long deltaGcTime = gcTime - sGCInfo[1];
            long deltaBlockGcCount = blockGcCount - sGCInfo[2];
            long deltaBlockGcTime = blockGcTime - sGCInfo[3];

            sGCInfo[0] = gcCount;
            sGCInfo[1] = gcTime;
            sGCInfo[2] = blockGcCount;
            sGCInfo[3] = blockGcTime;
        }
    }
```

在上面的代码中，我们通过 Debug.getRuntimeStat 方法获取了 GC 的相关数据，包括非阻塞式 GC 的次数和耗时、阻塞式 GC 的次数和耗时。在启动开始时可以记录初始值，启动结束后再次调用就可以得到启动期间的 GC 次数和耗时数据。

ART 上对 GC 做了不少优化，在剩余内存还够使用时会通过后台线程执行非阻塞式 GC；当剩余内存不足以满足要分配的内存或者手动触发 GC[System.gc() 或 Runtime.getRuntime().gc()] 时，会执行阻塞式 GC。

如图 7-10 所示，通过记录 Application 的构造函数到 MainActivity 的 onWIndowFocusChanged 的执行时间，我们可以得到启动的总耗时；通过手动或者 AOP 的拦截方式，我们可以得到启动各个阶段的耗时（如果想要更精细一点，获取到具体方法的执行耗时，可以在编译时针对指定包名下的所有类、所有函数进行插桩，实现方式和前面提到的类似）。通过获取 App 的 CPU

时间、主线程优先级、被抢占次数和 GC 信息，我们可以对启动时的运行状态有更全面的了解，从而更好地分析启动变慢的原因。

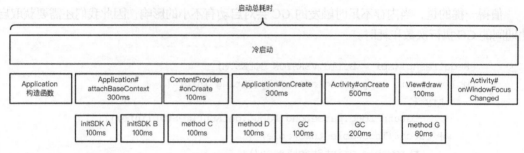

图 7-10　启动监控

7.3　线下分析

7.2 节介绍了启动的线上监控方式，本节我们来了解几种常用的启动线下分析手段。

除了在 App 内的启动埋点，系统也为我们提供了几种启动耗时获取方法，这在本地测试线上包时很有用。

如果要手动测试启动耗时，我们可以通过 Logcat 搜索关键字 Displayed 来查看启动时间。在 App 启动后，打开 Android Studio Logcat 或者直接执行 adb logcat，在结果里搜索 Displayed 关键字，就可以看到系统统计的 App 启动耗时：

```
ActivityTaskManager: Displayed top.shixinzhang.performance/.MainActivity:
+5s602ms
```

如果要自动执行 App 的启动并获取启动耗时，我们可以通过 adb shell am start 实现多次自动启动 App 并获取每一次的启动耗时：

```
adb shell am start -S -W -R 3 top.shixinzhang.performance/.MainActivity
Stopping: top.shixinzhang.performance
Starting: Intent { act=android.intent.action.MAIN cat=[android.intent.category.
           LAUNCHER] cmp=top.shixinzhang.performance/.MainActivity }
Status: ok
LaunchState: COLD
Activity: top.shixinzhang.performance/.MainActivity
TotalTime: 5583
WaitTime: 5595
Complete
```

上面执行的 adb shell am start -S -W -R 3 top.shixinzhang.performance/.MainActivity 含义如下。

1. am start 是 ActivityManagerService 提供的命令，可以用来启动 Activity。

2. -S 即 Stop，表示在每次启动前，先强制停止 App 运行，以实现冷启动。

3. -W 即 Wait，表示执行后等待启动完成再退出，以统计整个启动的耗时。

4. -R 即 Repeat，表示重复执行启动的次数，-R 3 表示重复启动 3 次。

5. top.shixinzhang.performance 是要启动的 App 包名。

6. .MainActivity 是在 AndroidManifest.xml 里配置的入口 Activity。

通过 adb shell am start 获取的信息中，TotalTime 即整个冷启动的耗时，仔细观察会发现，它和 Logcat 过滤 Displayed 得到的时间是基本一致的。

前面提到的两种方式，统计的是从 App 启动到 Activity 首次调用 onWindowFocusChanged 的时间。如果我们想统计从 App 启动到数据请求成功后某个布局完全展示出来的耗时，可以在启动终点调用 Activity#reportFullyDrawn，通知当前已经完全绘制完成，然后在 Logcat 里过滤 Fully drawn 就可以看到整个流程的耗时：

```
ActivityTaskManager: Fully drawn top.shixinzhang.performance/.MainActivity: +6s33ms
```

除了获取启动时间，线下测试时如果想进一步分析启动的耗时点，可以使用 Systrace 或者 Perfetto 。两者的使用方式很类似，都是先在代码里通过 Trace.beginSection 和 Trace.endSection 做好区间埋点，然后进行可视化分析。这里我们以 Perfetto 为例演示如何进行启动耗时分析。

首先打开 Perfetto 网页，在设备通过 USB（Universal Serial Bus，通用串行总线）连接计算机后，我们可以有两种采集发起方式：网页发起和 ADB 发起。对于网页发起，可以单击图 7-11 所示的"Add ADB Device"添加连接；对于 ADB 发起，可以复制图 7-11 中的 adb shell perfetto 命令，在命令行中执行。随后就可以启动要测试的 App。在启动结束后停止采集，即可在 Perfetto 网页上看到结果数据。

图 7-11　开始采集

Perfetto 展示的数据中有一个"Android App Startups"区块，统计了从 Launcher 收到点击事件到首帧绘制结束的耗时，如图 7-12 所示。

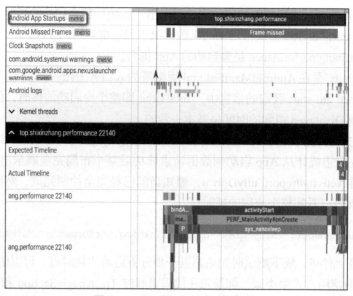

图 7-12　Perfetto 启动耗时统计

单击 "Android App Startups" 中的包名后，按键盘 "M" 键可显示启动耗时；按键盘 "A、S、W、D" 键缩放查看 App 包名的主线程区块，即可查看各个阶段的耗时；框选主线程启动部分的区块，可以看到如下 4 种信息。

- Android Logs。
- Thread States。
- Slices。
- Flow Events。

在 "Android Logs" 页面可以看到 Logcat 输出的日志，包括系统的和自定义的，如图 7-13 所示。鼠标指针在日志上滑动时，会在图形区块上显示每条日志的输出时间。通过这个功能我们可以分析日志输出时执行的函数。

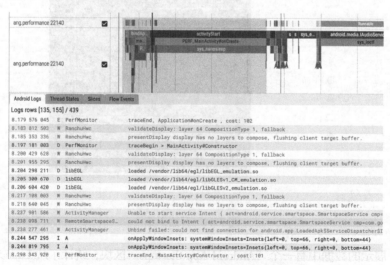

图 7-13　Perfetto Android Logs 功能

在"Thread States"页面可以看到主线程的各种状态的占比。通过这个功能,我们可以查看项目启动过程中是否非 Running/Runnable 状态占比较多(见图 7-14),是的话,就需要从 I/O、锁、sleep(休眠)等角度出发找优化点。

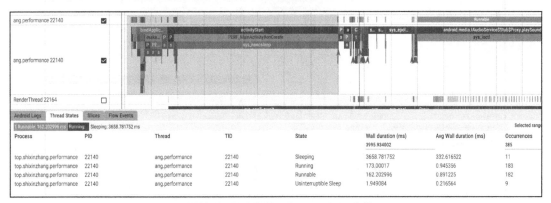

图 7-14　Perfetto Thread States 功能

从图 7-14 中我们可以看出,启动过程中线程处于 Sleeping 状态的时间长达 3658ms,进入 Sleeping 状态的次数有 11 次。这是由于测试项目主动调用了 Thread.sleep 操作,符合预期。

在"Slices"页面可以查看不同操作的排行情况,支持按照总耗时、平均每次耗时、发生次数等维度进行排序,如图 7-15 所示。通过这个功能,我们可以找到启动过程中执行耗时较多和执行频繁的函数。

Name	Wall duration (ms) ▾	Avg Wall duration (ms)	Occurrences
	12437.75714		2499
activityStart	3206.222252	3206.222252	1
PERF_MainActivity#onCreate	3068.058918	3068.058918	1
sys_nanosleep	3000.769918	3000.769918	1
sys_futex	609.282287	12.434332	49
bindApplication	573.976333	573.976333	1
makeApplication	308.484042	308.484042	1
PERF_Application#attachBaseContext	204.804375	204.804375	1
sys_ioctl	126.268541	1.288454	98
binder transaction	124.65571	3.280413	38
PERF_Application#onCreate	102.05125	102.05125	1
PERF_MainActivity#onStart	101.956084	101.956084	1
PERF_MainActivity#Constructor	101.114166	101.114166	1
PERF_Application#Constructor	100.387542	100.387542	1
/data/app/~~FB0W7b6afek-HCUzLsOPrg==/top.shixinzhang.performance-	73.373708	73.373708	1

图 7-15　Perfetto Slices 功能

在"Flow Events"页面可以查看 Binder 调用等事件的去向。勾选"Show"下方复选框后,在页面上会出现调用的上下游链条,按键盘上的"["和"]"键可以快速切换到对应的区块,如图 7-16 所示。通过这个功能,我们可以查看启动过程中 Binder 调用的关系。

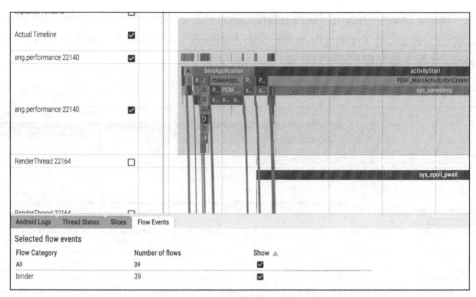

图 7-16　快速切换到对应的区块

7.4　启动优化如何进行

通过前文我们了解了 App 启动的流程、监控和分析方法，本节我们来看一下启动优化如何进行。启动优化和流畅度优化有很多相似之处，共同点就是减少主线程的耗时操作。本节我们主要关注对启动影响比较大，且在第 6 章没有详细介绍的优化方法。

和导致卡顿的原因类似，导致启动慢的原因一般有如下两个。

1. 启动阶段主线程代码的执行时间过少。

2. 主线程消息队列里绘制无关任务（文件 I/O、Binder 调用、等锁、类加载）耗时太多。

由于 Application 和 Activity 的生命周期方法都在主线程执行，所以如果启动时主线程代码的执行时间过少，就会直接导致启动变慢。代码执行时间变少可能有如下两种原因。

1. 由于主线程优先级低，CPU 为其分配的时间少。

2. App 代码运行在低频率的小核 CPU 上，代码执行慢。

对于主线程的优先级，我们可以参考第 6 章介绍的方案，对启动阶段的主线程优先级修改做监控，及时发现不合理代码导致的主线程优先级变低。

对于 App 代码运行在小核 CPU 上这种问题，我们可以通过将其绑定到大核 CPU 解决。

7.4.1　绑定大核提升启动速度

进程调度器在调度一个进程的任务时，为了让运行效率尽可能的高，总是会尽可能地把它们调度到同一个 CPU 上。一个进程会被调度到同一个 CPU 上的可能性，称之为处理器亲和度（processor affinity）。

为什么总在一个 CPU 上运行效率就会高呢？这是因为现代处理器上 CPU 之间的缓存是相互独立的，而进程之间的内存空间也是相互独立的。在某个 CPU 上执行某个进程时，会把该进程的内存页表、文件映射表等信息缓存在该 CPU 上。如果 CPU 切换执行其他进程，为了避免读到脏数据，会标记旧的缓存无效，重新创建新的缓存数据。这个过程中会导致缓存丢失（cache miss），从而使内存分配等过程的耗时变久。

Linux 给我们提供了相应的 API，用于获取和设置进程的处理器亲和度，即获取和修改当前进程调度在哪个 CPU 上。

```
#include <sched.h>
int sched_setaffinity(pid_t __pid, size_t __set_size, const cpu_set_t* __set);
int sched_getaffinity(pid_t __pid, size_t __set_size, cpu_set_t* __set);
```

sched_setaffinity 用于修改亲和度，sched_getaffinity 用于获取亲和度。它们的第一个参数是要修改的目标进程的 PID，如果为 0 表示当前进程；第二个参数是固定的 sizeof(cpu_set_t)（表示 cpu_set_t 结构的大小）；第三个参数是保存获取结果的集合，cpu_set_t 是一个结构体，保存着 int 类型的数组。

```
#ifdef __LP64__
#define CPU_SETSIZE 1024
#else
#define CPU_SETSIZE 32
#endif

#define __CPU_BITTYPE  unsigned long int

typedef struct {
  __CPU_BITTYPE  __bits[ CPU_SETSIZE / __CPU_BITS ];
} cpu_set_t;
```

要获取当前进程的处理器亲和度，需要执行如下 3 步。
1. 通过 CPU_ZERO 初始化一个 cpu_set_t。
2. 执行 sched_getaffinity，用参数传递刚初始化的 cpu_set_t，执行成功后会将当前进程的亲和度信息保存到 cpu_set_t 中。
3. 遍历执行 CPU_ISSET，第一个参数传递 CPU 序号，如果当前 CPU 在进程的亲和度集合中，表示进程总会运行在这个 CPU 上。
举一个完整的例子。

```
void get_affinity() {
    //1.初始化结构体
    cpu_set_t cpu_set;
    CPU_ZERO(&cpu_set);

    //2.获取当前进程的处理器亲和度
    int ret = sched_getaffinity(0, sizeof(cpu_set_t), &cpu_set);
```

```
        if (ret == -1) {
            perror("sched_getaffinity failed");
            return;
        }
        LOG("sched_getaffinity ret:%d, cpu_set size: %ld", ret,
            sizeof(cpu_set) / sizeof(cpu_set_t));

        //3.遍历读取数据
        for (int i = 0; i < CPU_SETSIZE; ++i) {
            int in_set = CPU_ISSET(i, &cpu_set);
            LOG("cpu%d is in set? %d", i, in_set);
        }
    }
```

修改进程的处理器亲和度类似，也分为如下 3 步。

1. 通过 CPU_ZERO 初始化一个 cpu_set_t。

2. 通过 CPU_SET 设置进程运行在哪个 CPU 上，可以调用多次。

3. 执行 sched_setaffinity 设置亲和度。

我们可以测试一下，手动修改进程的处理器亲和度，让它只运行在 CPU 3 上。

```
void set_affinity() {
    cpu_set_t set;
    CPU_ZERO(&set);

    CPU_SET(3, &set);
    CPU_CLR(2, &set);

    int ret = sched_se taffinity(0, sizeof(cpu_set_t), &set);
    LOG("set_affinity ret: %d", ret);

    struct timeval time{};
    time.tv_sec = 3;
    select(0, nullptr, nullptr, nullptr, &time);

    int cpu = sched_getcpu();
    LOG("after sleep, run in cpu%d", cpu);

    get_affinity();
}

// 测试代码入口函数
void affinity_test() {
    LOG(" ");
    LOG(" affinity_test >> max cpu_set size: %d", CPU_SETSIZE);

    int cpu = sched_getcpu();
```

```
    LOG("run in cpu%d", cpu);

    set_affinity();
}
```

上面的测试代码的运行结果如下。

```
zsx_linux:  affinity_test >> max cpu_set size: 1024
zsx_linux: run in cpu4
zsx_linux: set_affinity ret: 0
zsx_linux: after sleep, run in cpu3
zsx_linux: sched_getaffinity ret:0, cpu_set size: 1
zsx_linux: cpu0 is in set? 0
zsx_linux: cpu1 is in set? 0
zsx_linux: cpu2 is in set? 0
zsx_linux: cpu3 is in set? 1
zsx_linux: cpu4 is in set? 0
zsx_linux: cpu5 is in set? 0
zsx_linux: cpu6 is in set? 0
zsx_linux: cpu7 is in set? 0
//...
```

可以看到，在我们手动修改亲和度以前，进程运行在 CPU 4 上；手动修改亲和度以后，进程运行在 CPU 3 上，并且处理器亲和度列表中也包含 CPU 3，这证明我们的亲和度修改生效了。

知道如何修改处理器亲和度后，下一步就是确定进程要运行在哪个 CPU 上。为了提升代码的执行效率，我们需尽可能地让进程运行在频率高的 CPU 上。CPU 根据执行频率、cache（高速缓存）大小等分为大核 CPU 和小核 CPU，一般大核 CPU 的执行频率更高。目前主流的 Arm 大核 CPU 是 Cortex-A7 系列，频率可达 3GHz；小核 CPU 是 Cortex-A5 系列，频率为 1GHz~2GHz。

我们可以通过 adb shell 查看各个 CPU 的最高频率。

```
adb shell cat /sys/devices/system/cpu/cpu1/cpufreq/cpuinfo_max_freq
1766400
adb shell cat /sys/devices/system/cpu/cpu5/cpufreq/cpuinfo_max_freq
2803200
```

在代码中可以通过 Runtime.getRuntime().exec() 执行查看 CPU 最高频率的命令。

```
Process proc = Runtime.getRuntime().exec("cat /sys/devices/system/cpu/cpu5/
        cpufreq/cpuinfo_max_freq");

proc.waitFor();
InputStream inputStream = proc.getInputStream();

reader = new BufferedReader(new InputStreamReader(inputStream));
resultBuilder = new StringBuilder();
String line = "";
```

```
while (null != (line = reader.readLine())) {
    resultBuilder.append(line);
}
String result = resultBuilder.toString();
```

通过遍历获取到当前设备上频率最高的 CPU，然后将其设置到进程的处理器亲和度集合中，我们就可以实现将进程绑定到大核 CPU 上，从而提升启动速度。不过为了减少耗电和对其他业务的影响，我们在 App 启动结束后最好解除强制绑定，交还给操作系统调度。

解决了 CPU 执行时间少的问题后，接下来我们就需要从 App 代码出发思考优化点。

7.4.2　通过框架管理启动任务

App 启动速度慢最常见的原因之一是启动期间执行的代码没有被统一管理。在项目迭代中，常常会有新的任务需要在启动时开始执行，如果没有统一的框架，项目开发人员可能就会随意添加代码，很容易导致主线程耗时增加。

可能会有人说：需要这么复杂吗？把耗时代码放到子线程执行不就行了？

异步的确是启动优化的主要思路，但把任务随意丢到子线程执行，有时候反而会有副作用。比如一个任务在主线程执行需要 500ms，为了减少耗时我们把它拆分到两个子线程（线程 A 完成前半部分，线程 B 完成后半部分）中执行，主线程等待它们全部完成后继续执行。我们期望优化后可以 用 250ms 完成任务，但由于线程调度和子线程的任务数量，最终完成任务需要的时间反而可能超出 500ms。

之所以会出现这种问题，一方面是因为子线程什么时候被调度执行是不可预期的，另一方面是因为子线程执行任务时没有做优先级处理，另外线程之间的依赖关系也需要单独管理，容易出错。

因此，我们需要一种框架，可以将启动时的任务统一进行管理，支持指定依赖关系、优先级和执行线程。阿里巴巴开源的 alpha 在一定程度上满足了这些需求，它支持如下功能。

1. 根据任务类型决定运行任务的线程。

2. 根据依赖关系自动将任务依赖的任务先执行，不至于一直阻塞等待。

3. 根据任务优先级按顺序执行任务。

在 alpha 中启动时执行的任务被封装为一个 Task 抽象类。

```
//alpha/src/main/java/com/alibaba/android/alpha/Task.java
public abstract class Task {
    /**
     * 任务优先级，由于线程池是有限的，对于同一时机执行的任务，其执行也可能存在先后顺序。
值越小，越先执行。

     */
    private int mExecutePriority = DEFAULT_EXECUTE_PRIORITY;

    /**
     * 线程优先级，优先级高，则能分配到更多的 CPU 时间
```

```
     */
    private int mThreadPriority;

    private static ExecutorService sExecutor = AlphaConfig.getExecutor();

    private static Handler sHandler = new Handler(Looper.getMainLooper());

    /**
     * 是否在主线程执行
     */
    private boolean mIsInUiThread;

    private Runnable mInternalRunnable;

    protected String mName;

    private List<OnTaskFinishListener> mTaskFinishListeners = new ArrayList<OnT
                                   askFinishListener>();

    private volatile int mCurrentState = STATE_IDLE;

    // 前置任务
    protected Set<Task> mPredecessorSet = new HashSet<Task>();
    // 后续任务
    private List<Task> mSuccessorList = new ArrayList<Task>();

    private ExecuteMonitor mTaskExecuteMonitor;

    public abstract void run();
}
```

可以看到，每个任务的成员变量有任务优先级、线程优先级、是否在主线程执行、完成监听、前置任务集合、后续任务列表等。

我们在创建任务时只需要实现它的 run 方法，然后在一个 XML 配置文件中指定任务的具体信息。

```
<projects>
    <project
            mode="mainProcess">
        <task
                name="TaskA"
                class="com.alibaba.android.alpha.ConfigTest$TaskA"
                mainThread="true"
                executePriority="8"/>

        <task
                name="TaskB"
```

```
                        class="com.alibaba.android.alpha.ConfigTest$TaskB"
                        threadPriority="-5"
                        executePriority="-5"
                        predecessor="TaskA"/>

            <task
                        name="TaskC"
                        class="com.alibaba.android.alpha.ConfigTest$TaskC"
                        threadPriority="-5"
                        executePriority="-5"
                        predecessor=" TaskA" />

            <task
                        name="TaskD"
                        class="com.alibaba.android.alpha.ConfigTest$TaskD"
                        mainThread="true"
                        predecessor="TaskA,TaskC"/>
        </project>
    </projects>
```

在配置文件中，支持声明多个工程，每个工程代表一个进程的任务集合。在工程中可以有多个任务，每个任务支持配置的信息如下。

```
//alpha/src/main/java/com/alibaba/android/alpha/ConfigParser.java
private static final String ATTRIBUTE_TASK_NAME = "name";
private static final String ATTRIBUTE_TASK_CLASS = "class";
private static final String ATTRIBUTE_TASK_PREDECESSOR = "predecessor";
private static final String ATTRIBUTE_PROJECT_MODE = "mode";
private static final String ATTRIBUTE_PROCESS_NAME = "process";
private static final String ATTRIBUTE_THREAD_PRIORITY = "threadPriority";
private static final String ATTRIBUTE_EXECUTE_PRIORITY = "executePriority";
```

name 表示任务的描述名称；class 表示自定义任务类的完整类名；predecessor 表示当前任务依赖的任务列表，支持多个值；mode 表示任务支持运行的进程；threadPriority 表示执行这个任务时线程的优先级；executePriority 表示任务在队列中的优先级。

在创建自定义任务类、写好配置后，通过执行以下代码即可开启整个任务图的执行。

```
AlphaManager.getInstance(mContext).addProjectsViaFile(mContext.getAssets().
open("tasklist.xml"));
AlphaManager.getInstance(mContext).start()
```

上面的代码会先解析 XML 文件中的配置信息，生成有向无环图，比如前面的配置代码，解析后生成的依赖关系如图 7-17 所示。

通过这样的配置，我们将任务的执行分配到合理的线程。由于子线程执行的 TaskC 会被主线程的 TaskD 依赖，而 TaskC 依赖 TaskB，因此我们将 TaskB 和 TaskC 的任务优先级和线程优先级都设置得比较高，以减少主线程任务的等待时间。

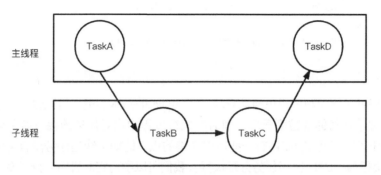

图 7-17　示例启动任务的依赖关系

任务执行时，会创建一个 mInternalRunnable，根据任务类型将其投递到不同的线程执行，mInternalRunnable 执行时，会动态修改线程的优先级，然后执行自定义的方法，执行完成后，遍历执行自己的后续任务。

```
//alpha/src/main/java/com/alibaba/android/alpha/Task.java
public synchronized void start() {
    if (mCurrentState != STATE_IDLE) {
        throw new RuntimeException("You try to run task " + mName + " twice,
                            is there a circular dependency?");
    }

    switchState(STATE_WAIT);

    if (mInternalRunnable == null) {
        mInternalRunnable = new Runnable() {
            @Override
            public void run() {
                android.os.Process.setThreadPriority(mThreadPriority);
                long startTime = System.currentTimeMillis();

                switchState(STATE_RUNNING);
                Task.this.run();
                switchState(STATE_FINISHED);

                long finishTime = System.currentTimeMillis();
                recordTime((finishTime - startTime));

                notifyFinished();
                recycle();
            }
        };
    }

    if (mIsInUiThread) {
```

```
        sHandler.post(mInternalRunnable);
    } else {
        sExecutor.execute(mInternalRunnable);
    }
}
```

到这里我们就了解了阿里巴巴启动管理框架 alpha 的基本实现，可以看到它通过丰富任务的配置信息实现了任务的细粒度管理，同时在执行过程中也对任务的耗时做了记录，方便排查、定位耗时任务。不过 alpha 还有一些可以完善的点，比如子线程任务没有再细分类型，无法支持 I/O 密集任务、CPU 密集任务分开执行。我们可以学习它的思路自行开发一个类似的框架，核心点就是任务的优先级、类型和依赖关系管理。

通过使用启动框架，我们可以将启动阶段执行的任务统一进行管理，实现启动任务的分类、按顺序执行，减少主线程耗时和主线程阻塞等待子线程等问题。此外为了制订启动代码的开发规范，避免成员仍旧在启动阶段随意添加代码，我们可以将 App 中 Application 和 MainActivity 的相关代码拆分到单独的 .aar 文件中，只泄漏任务配置文件，这样可以在一定程度上避免启动时间劣化。

alpha 开源较早，目前已经停止维护，这里仅用来让读者学习启动框架的开发思路。如果读者想使用启动框架，可以了解 Anchors，它参考 alpha 并做了改进，目前处于维护状态。

7.4.3　减少 ContentProvider 初始化耗时

7.4.2 小节提到我们可以通过使用启动框架的方式将启动阶段的代码统一进行管理，遗憾的是由于 ContentProvider 的特殊性，即使没有被调用，它也会在启动阶段执行 onCreate 方法，并且是在主线程执行，如图 7-18 所示。由于 ContentProvider 的这种特性，很多框架喜欢在 ContentProvider#onCreate 中初始化 SDK，比如 androidx.lifecycle。

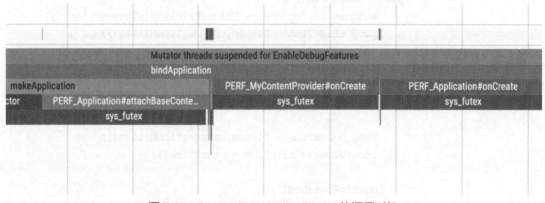

图 7-18　ContentProvider#onCreate 的调用时机

```
//androidx.lifecycle.ProcessLifecycleOwnerInitializer
public class ProcessLifecycleOwnerInitializer extends ContentProvider {
    @Override
    public boolean onCreate() {
```

```
        LifecycleDispatcher.init(getContext());
        ProcessLifecycleOwner.init(getContext());
        return true;
    }
    //...
}
```

这样的初始化代码多了以后，很容易出现耗时比较多的代码（比如数据库查询代码），直接影响启动速度。

一种比较好的优化方式是提供一个 ContentProvider 封装类和一个异步的 onCreate 方法，然后在编译时将继承 ContentProvider 的类修改为继承 AsyncContentProvider，同时将它的 onCreate 方法名改为 onCreateAsync。

```
public abstract class AsyncContentProvider extends ContentProvider {
    @Override
    final public boolean onCreate() {
        AsyncTask.execute(new Runnable() {
            @Override
            public void run() {
                onCreateAsync();
            }
        });
        return true;
    }

    public abstract boolean onCreateAsync();
}
```

这样我们就实现了 ContentProvider#onCreate 异步化，减少了它对启动的影响。

Jetpack 中的 App Startup 也可以优化 ContentProvier 的初始化耗时。我们可以通过使用 App Startup 的 Initializer，将通过多个 ContentProvider 完成的初始化工作合并到一个 ContentProvider 中，从而减少创建 ContentProvider 的成本。

7.4.4 减少 .so 文件加载耗时

在项目中有 C/C++ 代码时，我们需要先通过 System.loadLibrary 将动态库加载到内存中才能执行其中的代码。一般我们习惯将 .so 文件的加载写在入口类的静态代码块中。

```
public class MySDK {
    static {
        System.loadLibrary("shixin-lib");
    }
}
```

这样在 MySDK 这个类被加载时，就会执行 System.loadLibrary，从而执行到 .so 文件的

JNI_OnLoad 方法。由于在 JNI_OnLoad 中我们常常会做其他库的动态链接、Java 类的查找、文件读写等操作，因此很容易出现由于 JNI_OnLoad 方法耗时过久导致的启动变慢的情况。

```
JNIEXPORT jint JNICALL JNI_OnLoad(JavaVM *vm, void *reserved) {
    // 同步调用，这里耗时久会直接影响到启动速度
    sleep(2);
    return JNI_VERSION_1_6;
}
```

为了减少 .so 文件加载和 JNI_onLoad 方法对启动速度的影响，我们需要将 System.loadLibrary 放到子线程执行，比如：

```
public class MySDK {
    static {
        AsyncTask.execute(new Runnable() {
            @Override
            public void run() {
                System.loadLibrary("shixin-lib");
            }
        });
    }
}
```

7.4.5　延迟子进程创建

复杂的项目中往往会使用多个进程，比如将推送、播放等与 UI 无关的功能放到单独的进程。在实际测试中我们会发现，启动时就创建子进程，会导致主进程启动耗时增加几十到几百毫秒不等。这是因为一方面进程创建的 fork 系统调用是阻塞的，调用处需要等待子进程创建完毕才能继续执行；另一方面子进程也会和主进程抢占 CPU，导致主进程启动变慢。

一般创建子进程的方式是先在 AndroidManifest.xml 里声明一个多进程的组件，然后在启动时创建这个组件，这样就会触发执行 fork 系统调用，我们可以通过 hook fork 的方式，拦截启动过程中对 fork 的调用，从而将其延迟执行，如图 7-19 所示。

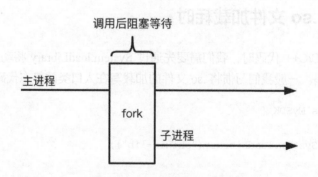

图 7-19　创建子进程

7.4.6 低端机启动逻辑降级

如图 7-20 所示，根据听云《2021 移动应用性能管理白皮书》的数据，随着 Android 官方对系统的优化，在高版本的手机上冷启动时间更短，低端机上启动速度受硬件资源限制更明显。因此我们有必要针对高端设备、低端设备做不同的策略处理，在低端设备上做更激进的优化方式，换来更快的启动速度，从而提升产品整体的使用时长。

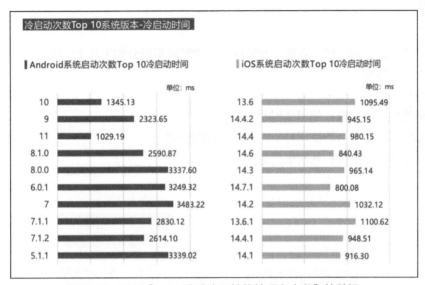

图 7-20　听云《2021 移动应用性能管理白皮书》的数据

不同产品的启动任务有所不同，无法一概而论，但有如下几点通用的思路。

1. 在做任务延迟时，最好区分高端机和低端机延迟的时间，低端机适当延迟久一点。

2. 在将任务异步处理时，需要考虑当前的线程数，在低端机上尽量减少额外的线程。

3. 在读取大配置文件时，适当选择效率更高的方式，比如将 SharedPreferences 替换为 MMKV（基于 mmap 的高性能通用 key-value 组件）。

4. 通过 ClassLoader 记录启动时加载的类列表及耗时，然后在启动时异步预加载所需的类，从而减少启动阶段的类加载耗时。

5. 通过 hook 文件 I/O 记录启动时主线程读取的文件，然后在后续启动时异步提前读取这部分文件，从而减少启动阶段的文件读取耗时。

7.5　小结

本章介绍了启动的基本原理、监控和分析方法，以及常见的启动优化方式。进行启动优化时，除了本章介绍的优化手段，很多流畅度优化的手段也同样适用，比如减少线程数，使用 AsyncLayoutInflater 提前解析 MainActivity 的布局，使用 StrictMode 或者 hook Linux I/O 方法发现主线程的 I/O 任务，减小锁的范围，减少 Binder 调用，等等。

　　我们在做启动优化时，除了关注启动时间，也要从整体思考，不能为了提升启动速度就把任务都延迟到启动后才执行，否则可能会导致首页卡顿或者业务异常。还需要注意的是，很多人认为启动优化就是异步执行，这其实是片面的认识。不能鲁莽地认为将所有任务都丢到子线程执行就解决了问题，需要根据任务的类型、是否被主线程等待等具体问题进行具体分析。

思考题

　　做启动优化时，对"任务在哪个线程执行"的理解可以分如下几个层次。

1. 完全用主线程。
2. 完全用子线程。
3. 知道要控制线程数，使用线程池。
4. 根据任务类型，合理使用异步，合理配置线程池。

　　你现在处于哪个层次？判断依据是什么？